Autumn Edition
2019 vol.46

# CONTENTS

| 封面攝影 | 回里純子 |
| 藝術指導 | みうらしゅう子 |

# 好用布作創意滿點！

# 作品 INDEX

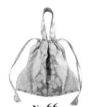

**No.07**
P.07・南瓜針插
作法｜P.70

**No.05**
P.07・桌邊收納口袋
作法｜P.70

**No.04**
P.06・吊掛式工具收納袋
作法｜P.69

**No.02**
P.06・剪刀套
作法｜P.67

**No.01**
P.06・六角形摺花針插
作法｜P.67

**No.72**
P.53・便當袋
作法｜P.108

**No.69**
P.51・口金針線盒
作法｜P.101

**No.15**
P.10・置物布盤
作法｜P.74

**No.13**
P.09・布桶
作法｜P.73

**No.12**
P.08・濕紙巾盒套
作法｜P.110

**No.11**
P.08・面紙盒套
作法｜P.73

**No.10**
P.08・編織髮帶
作法｜P.72

**No.09**
P.08・捲筒衛生紙收納袋
作法｜P.72

**No.08**
P.07・腰間裁縫工具袋
作法｜P.71

**No.27**
P.13・茶壺保溫罩
作法｜P.79

**No.26**
P.12・蔬果收納袋
作法｜P.78

**No.25**
P.12・保鮮膜收納壁掛
作法｜P.80

**No.24**
P.12・廚房隔熱手套
作法｜P.81

**No.23**
P.12・餐具收納盒
作法｜P.75

**No.18**
P.10・鑰匙包
作法｜P.74

**No.17**
P.10・筆插袋
作法｜P.74

**No.32**
P.14・蘋果隔熱手套
作法｜P.81

**No.31**
P.14・水滴鍋墊
作法｜P.75

**No.30**
P.14・鍋柄隔熱套
作法｜P.81

**No.29**
P.14・母雞隔熱手套
作法｜P.78

**No.28**
P.13・蜂蠟保鮮布
作法｜P.13

**No.41**
P.17・文具收納袋
作法｜P.84

**No.39**
P.16・蝴蝶結筆袋
作法｜P.85

**No.38**
P.16・附提把收納籃
作法｜P.84

**No.37**
P.16・小物收納盤
作法｜P.79

**No.35**
P.15・餐盒束帶
作法｜P.82

**No.34**
P.15・保冷劑收納套
作法｜P.82

**No.33**
P.15・毛巾掛環裝飾套
作法｜P.82

**No.75・76**
P.54・Natasha娃娃主體
頭髮・服裝＆愛犬Nicole
作法｜P.111～112

**No.74**
P.53・餐具收納盒
作法｜P.109

**No.73**
P.53・水壺提袋
作法｜P.110

**No.71**
P.51・捲尺
作法｜P.109

**No.70**
P.51・針插
作法｜P.101

**No.42**
P.17・布貼封面筆記本
作法｜P.17

作品製作=本橋よしえ（No.01至07・08・13・37・38）　星野喜久代（No.09・14・19・39）　mameco・木村麻美（No.10・15至18・20至27）　小林かおり（No.11・12・40・41）

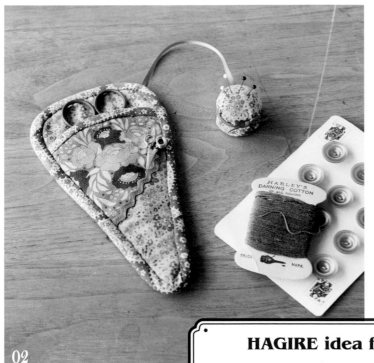

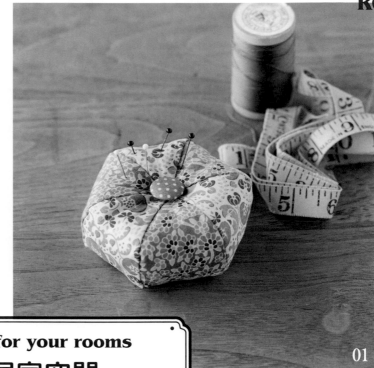

02     01

### HAGIRE idea for your rooms

## 手作 × 居家空間
## 零碼布小物的創意巧思**42**選

你也有庫存備用的零碼布嗎？
使用喜歡的布料，依據不同房間，
作出兼具實用性＆居家裝飾的小物吧！

04     03

No. **04** ITEM｜吊掛式工具收納袋
作法｜P.69

任何物品皆可充分收納的懸掛式工具收納袋。以伸縮棒等物吊掛，亦可成為美觀的陳列布置。

右・表布＝平織布～Tilda（Klara Ginger・100099）　中・表布＝平織布～Tilda（Marnie Sand・100098）　左・表布＝平織布～Tilda（Lovebirds Ginger・100097）／（有）Scanjap Incorporated
薄接著襯＝接著布襯～Owls Mama（AM-W2）　厚接著襯＝接著布襯～Owls Mama（AM-W4）／日本VILENE（株）

No. **03** ITEM｜裁縫工具包
作法｜P.68

接縫了一圈外口袋的工具收納包。若能將裁縫工具或材料等小物預先整理收納備齊，不僅攜帶容易，也可避免工具材料四處散亂的問題。

表布A＝平織布～Tilda（Autumn Bouquet Peach・100182）　表布B＝平織布～Tilda（Teardrop Nutmeg・100186）／（有）Scanjap Incorporated
中薄接著襯＝接著布襯～Owls Mama（AM-W3）　薄接著襯＝接著布襯～Owls Mama（AM-W2）／日本VILENE（株）

No. **02** ITEM｜剪刀套
作法｜P.67

尺寸正好能夠妥善收納12至13cm小剪刀。以保特瓶蓋製作的迷你針插墊掛件，也相當便利好用。

表布A＝平織布～Tilda（Flower Confetti Sand・100184）　表布B＝平織布～Tilda（Autumn Bouquet lavender・100197）　配布＝平織布～Tilda（Teardrop Plum・100196）／（有）Scanjap Incorporated
鋪棉＝雙膠鋪棉～Owls Mama（MRM-1P）／日本VILENE（株）

No. **01** ITEM｜六角形摺花針插
作法｜P.67

如摩洛哥抱枕Pouf般的時尚造型針插。中央的包釦亦可使用喜歡的貝殼釦等代替。

表布A＝平織布～Tilda（Mildred Green・100179）　表布B＝平織布～Tilda（Josephine Sand・100161）／（有）Scanjap Incorporated

攝影＝回里純子　造型＝西森 萌　妝髮＝タニ ジュンコ　模特兒＝千歩　製作（No.1至8）＝本橋よしえ

解開固定帶，將整體
鋪開後，即可直接作
為熨燙墊使用。

06

05

罩衫・褲裙／
avecmoi
（FELISSIMO）

08

07

## No.08
ITEM｜腰間裁縫工具袋
作法｜P.71

那麼，開始縫吧！——只要一浮現
手作的念頭，就立刻繫上這條腰間
袋吧！除了能隨手取放工具之外，
還能令人躍躍欲試充滿幹勁。

表布＝平織布～Tilda（Biscuit Stripe Blue・
130061）　配布A＝平織布～Tilda（Duck
Nest Nutmeg・100188）　配布B＝平織布～
Tilda（Windflower Nutmeg・100190）　配
布C＝平織布～Tilda（Teardrop Peach・
100181）／（有）Scanjap Incorporated
鋪棉＝單膠鋪棉～Owls Mama（MK-DS-1P）

## No.07
ITEM｜南瓜針插
作法｜P.70

將新月形的部件併接縫合，組成南
瓜造型的針插。盡情享受搭配布料
顏色＆圖案的樂趣吧！

表布A＝平織布～Tilda（Autumn Bouquet
Blue・100187）　表布B＝平織布～Tilda
（Windflower Lavender・100200）／（有）
Scanjap Incorporated

## No.06
ITEM｜熨燙墊收納袋
作法｜P.69

以市售的熨燙墊製作而成，耐熱性
OK。只要摺立側邊，即變身成可
完全容納熨斗的手提袋。

表布＝平織布～Tilda（Phoebe Blue・100175）
／（有）Scanjap Incorporated

## No.05
ITEM｜桌邊收納口袋
作法｜P.70

善用鋪在縫紉機下方的口袋型工具
收納袋，縫製作業中就再也不用四
處尋找工具。此設計亦同時兼具縫
紉機隔音＆防震的功能。

表布A＝平織布～Tilda（Cantucci Stripe
Plum・130072）※預計今秋發售　表布B
＝平織布～Tilda（Duck Nest Blueberry・
100193）　配布＝平織布～Tilda（Flower
Confetti Plum・100199）／（有）Scanjap
Incorporated　鋪棉＝單膠鋪棉～Owls Mama
（MK-DS-1P）　薄接著襯＝接著布機～Owls
Mama（AM-W2）／日本VILENE（株）

10

罩衫／avecmoi
（FELISSIMO）

09

使用拉鍊開口的設計。盒蓋可以搜尋「Bitatto必貼妥重複黏濕紙巾專用盒蓋」，透過網路商店等處購買。

12

以背膠魔鬼氈固定布盒的開口非常方便。

11

| No.<br>**12** | ITEM ｜濕紙巾盒套<br>作法 ｜P.110 | No.<br>**11** | ITEM ｜面紙盒套<br>作法 ｜P.73 | No.<br>**10** | ITEM ｜編織髮帶<br>作法 ｜P.72 | No.<br>**09** | ITEM ｜捲筒衛生紙收納袋<br>作法 ｜P.72 |

開封的隨身包濕紙巾總會逐漸收乾，無法保持良好的濕潤度。但若有一個特製盒套，就再也不用擔心這個問題了！

以防水布製作而成的面紙盒套，並以人字帶進行一圈滾邊，裝飾出輪廓感。

時尚流行的三股編髮帶。為了呈現鬆軟的形狀，關鍵在於以麻布等較薄的布料製作。

備用的捲筒衛生紙似乎總是大咧咧地擺放在浴廁空間？若能收入可愛的圓筒束口袋中，空間視覺看起來將更清爽。

表布＝防水布～LIBERTY印花布（Somerset Viola・DC30101-J19B）／（株）MERCI

表布＝防水處理11號帆布～LIBERTY印花布（Edenham・3637071-PE）／（株）MERCI

表布＝棉質細布～LIBERTY印花布（蘇格蘭格子・3265100-5）／（株）MERCI

配布＝棉質細布～LIBERTY印花布（Swirling Petals・3638150L-J19B）／（株）MERCI

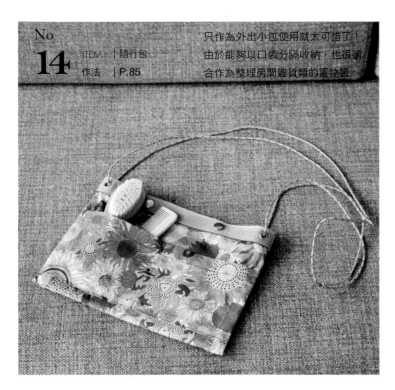

No
**14**
ITEM｜隨行包
作法｜P.85

只作為外出小包使用就太可惜了！
由於能夠以口袋分隔收納，也很適
合作為整理房間雜貨類的置物袋。

No
**13**
ITEM｜布桶
作法｜P.73

可以將容易散亂一堆物品的洗臉台
等處，收納整潔的布製收納桶。以
素色＆印花布條交替編織製作而
成。

**右・表布**＝棉質細布～LIBERTY印花布
（Swirling Petals・3638150-J18B）
**左・表布**＝棉麻布～LIBERTY印花布
（Phoebe・3632090XE）／（株）MERCI
**中薄接著襯**＝接著布襯～Owls Mama（AM-
W3）／日本VILENE（株）

## 雞眼釦的裝釘方法

將丸斬貼放於雞眼釦裝釘位置，以木
槌敲打開孔。

正面：表面光滑平整。
背面：表面粗糙不光滑，有凹處。

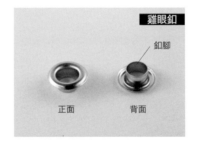

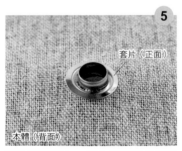

圓台座／衝鈕器／丸斬

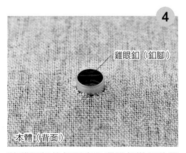

套片正面朝上，套在雞眼釦的釦腳
上。

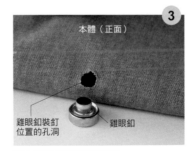

將雞眼釦的釦腳穿入雞眼釦裝釘位置
的孔洞。

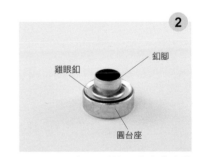

將本體的正面朝下放置。

於圓台座的上方，將釦腳朝上放上雞
眼釦。

雞眼釦裝釘完成！

以木槌敲打衝鈕器，直到雞眼釦的釦
腳扁平為止。

將衝鈕器的凸起側頂在雞眼釦的釦腳
上。

內板建議使用市售的優格盒蓋或塑膠板。

**16**

**15**

**18**

**17**

## No.
# 18
ITEM｜鑰匙包
作法｜P.74

只需一些小布片即可製作完成的三摺式鑰匙包。作為送人的禮物，肯定會大受歡迎。

表布＝平織布～Kaffe Fassett（MC72-27）／（株）MC SQUARE　按釦＝金屬四合釦（免工具壓釦）14mm（SUN17-36・鎳白色）清原（株）　厚接著襯＝接著布襯～Owls Mama（AM-W4）／日本VILENE（株）

## No.
# 17
ITEM｜筆插袋
作法｜P.74

外型像書籤般的可愛筆插袋。可隨性繫在手袋的提把上，非常便利。約可放入2至3枝自動鉛筆。

表布＝平織布～Kaffe Fassett（MC72-27）／（株）MC SQUARE　厚接著襯＝接著布襯～Owls Mama（AM-W4）／日本VILENE（株）

## No.
# 16
ITEM｜貝殼波奇包
作法｜P.76

可放入硬幣的貝殼造型小物收納包。只要按住兩側脇邊，即可輕易打開包口。也很推薦作為飾品收納包使用。

表布＝平織布～Kaffe Fassett（MC72-24）　鋪棉＝單膠鋪棉～Owls Mama（MK-DS-1P）／日本VILENE（株）

## No.
# 15
ITEM｜置物布盤
作法｜P.74

可隨手存放鑰匙、手錶等物的便利收納盤。四個邊角以固定釦固定，作為造型的特色。

表布＝平織布～Kaffe Fassett（MC72-22）／（株）MC SQUARE　中薄接著襯＝接著布襯～Owls Mama（AM-W3）　厚接著襯＝接著布襯～Owls Mama（AM-W4）／日本VILENE（株）

20

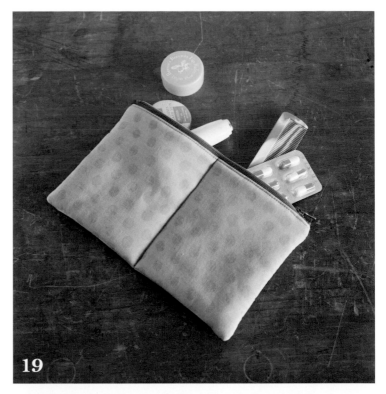

19

22

21

## No. 22
ITEM｜鞋子收納袋
作法｜P.76

成人使用也不會感覺不好意思的鞋子收納袋，不覺得很少找得到嗎？那就自製一個簡約設計的拉鍊收納袋吧！

表布＝平織布～Kaffe Fassett（MC72-26）／（株）MC SQUARE　薄接著襯＝接著布襯～Owls Mama（AM-W2）／日本VILENE（株）

## No. 21
ITEM｜3C線材收納袋
作法｜P.77

為USB線或耳機等，容易在包包裡纏成一團的3C線材特製的專用收納袋。中間包夾鋪棉，觸感也相當柔軟。

表布＝平織布～Kaffe Fassett（MC72-24）／（株）MC SQUARE　按釦＝金屬四合釦（免工具壓釦）14mm（SUN17-39・復古金）／清原（株）　鋪棉＝單膠鋪棉～Owls Mama（MK-DS-1P）　中薄接著襯＝接著布襯～Owls Mama（AM-W3）／日本VILENE（株）

## No. 20
ITEM｜卡片口金包
作法｜P.77

使用方型「手帳本用口金」的卡片夾。開口可完全敞開，所以拿取相當便利。可當錢包使用，也能收納用藥記錄本或門診單。

表布＝平織布～Kaffe Fassett（MC72-23）／（株）MC SQUARE　口金＝手帳本用口金AG（KGTE-1）／（株）Sun Olive　薄接著襯＝接著布襯～Owls Mama（AM-W2）　鋪棉＝單膠鋪棉～Owls Mama（MK-DS-1P）／日本VILENE（株）

## No. 19
ITEM｜分隔波奇包
作法｜P.75

在拉鍊波奇包的正中央多車上一道縫線，將本體區分成兩個口袋，可以更有效率地分類收納一些細項小物。

表布＝平織布～Kaffe Fassett（MC72-25）／（株）MC SQUARE　鋪棉＝單膠鋪棉～Owls Mama（MK-DS-1P）／日本VILENE（株）

24

23

26

25

No.
**26** ITEM｜蔬果收納袋
作法｜P.78

以接縫網布的束口袋來保存蔬菜＆
水果也很不錯吧？由於透氣性佳，
且方便清洗，使用起來相當便利。

右・配布＝平紋精梳棉布～ART GALLERY
FABRICS（Tigris Lollipop・TAL-
75300）／左・配布＝平紋精梳棉布～ART
GALLERY FABRICS（Pointelle Yellow・
CHR-1103）／ART GALLERY FABRICS
（Nukumorino Iro株式會社）　中薄接著襯
＝接著布襯～Owls Mama（AM-W3）／日本
VILENE（株）

No.
**25** ITEM｜保鮮膜收納壁掛
作法｜P.80

可收納寬約30cm的鋁箔紙＆保鮮
膜盒的專用壁掛。可掛上掛勾的雞
眼釦是設計重點。

配布A＝平紋精梳棉布～ART GALLERY
FABRICS（Baltic Swans Sky・TAL-65304）
／ART GALLERY FABRICS（Nukumorino Iro
株式會社）　極厚接著襯＝接著布襯～Owls
Mama（AM-W5）　薄接著襯＝接著布襯～
Owls Mama（AM-W2）／日本VILENE（株）

No.
**24** ITEM｜廚房隔熱手套
作法｜P.81

拿取熱鍋具或鐵板時，相當便利的
雙手型廚房手套。將周圍進行一圈
收邊處理的滾邊包繩也是亮眼的特
色裝飾。

表布＝平紋精梳棉布～ART GALLERY
FABRICS（Nut Medley・MED-32608）　配
布＝平紋精梳棉布～ART GALLERY FABRICS
（Undercurrents Warm・WPA-64504）／
ART GALLERY FABRICS（Nukumorino Iro
株式會社）　鋪棉＝單膠鋪棉～Owls Mama
（MK-DS-1P）／日本VILENE（株）

No.
**23** ITEM｜餐具收納盒
作法｜P.75

隨性置於餐桌上也很時尚的布製餐
具收納盒。包夾鋪棉縫製，鬆軟又
有分量感。

右・裡布＝平紋精梳棉布～ART GALLERY
FABRICS（Lacey Stardust・SGN-
58704）／左・裡布＝平紋精梳棉布～ART
GALLERY FABRICS（Little Floriculturist・
LMB-18725）／ART GALLERY FABRICS
（Nukumorino Iro株式會社）
左右通用・極厚接著襯＝接著布襯～Owls
Mama（AM-W5）　鋪棉＝單膠鋪棉襯～Owls
Mama（MK-DS-1P）／日本VILENE（株）

## No. 28

ITEM │ 蜂蠟保鮮布
作法 │ P.13

將布片浸染蜂蠟後製作而成的蜂蠟保鮮布。利用手心的溫度使布軟化，即可自由塑形，洗滌後可重覆使用的優點也大受好評。

右・表布＝平紋精梳棉布～ART GALLERY FABRICS（Simple Living・GTH-37509）
中・表布＝平紋精梳棉布～ART GALLERY FABRICS（The Gingerbreads Fondant・LCT-15502）／ART GALLERY FABRICS（Nukumorino Iro株式會社）
左・表布＝平紋精梳棉布～ART GALLERY FABRICS（Petal Framingoes Coo・WND-2535）
蜂蠟＝使用布料製作的蜂蠟保鮮布 蜂蠟50g（15-284）／（株）KAWAGUGHI

## No. 27

ITEM │ 茶壺保溫罩
作法 │ P.79

可從下方將整個茶壺完全包覆起來的茶壺保溫罩。即便套著保溫罩，不必拆下也能直接倒茶喔！

表布＝平紋精梳棉布～ART GALLERY FABRICS（Cinese Mystery・VRT-21809）
裡布＝平紋精梳棉布～ART GALLERY FABRICS（Citrin・SE-609）／ART GALLERY FABRICS（Nukumorino Iro株式會社）
鋪棉＝單膠鋪棉～Owls Mama（MK-DS-1P）／日本VILENE（株）

---

## 蜂蠟保鮮布的作法

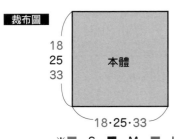

裁布圖
18
25
33
本體
18・25・33
※ ■…S・ ■…M・ ■…L

裁剪布片。亦可依照喜好，以細齒剪刀將周圍進行裁剪。

**1**

報紙／烘焙紙／熨斗／燙衣板

準備的物品

材料

使用布料製作的蜂蠟保鮮布（蜂蠟為晶片狀的物體）
表布（棉布）S：20cm×20cm／M：30cm×30cm
L：35cm×35cm

**4**

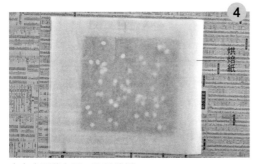

由上方再蓋上另一片烘焙紙。

**3**

在本體的上方鋪放蜂蠟。（以10cm×10cm的範圍鋪放3g為基準）※若放在布片邊緣，蜂蠟會融化外溢，請特別注意。

**2**

將4至5片報紙鋪放在燙衣板上，並於上方疊放烘焙紙，再將本體的布料正面朝上疊放。

**7**

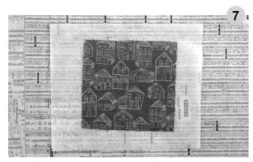

待蜂蠟充分融化，滲透至全體之後，將上方的烘焙紙移除。靜置使其完全冷卻後，移除下方的烘焙紙，完成！

**6**

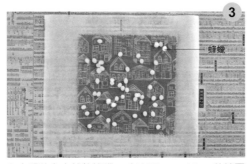

蜂蠟開始漸漸地融化。以熨斗熨燙，使蜂蠟完全滲透整片布料。

**5**

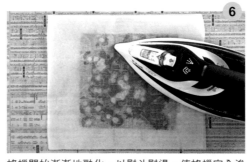

以熨斗進行低溫（80至120度）整燙。

30

29

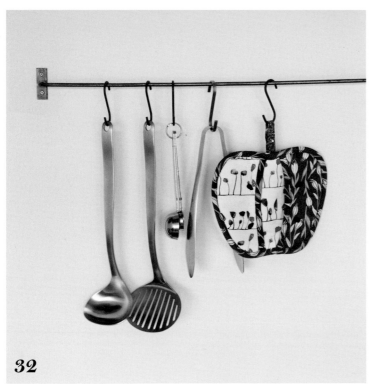

32

31

---

No.
**32** ITEM｜蘋果隔熱手套
作法｜P.81

充滿玩心的蘋果造型隔熱手套也很
有趣吧？使用時請把手放入接縫於
蘋果左右兩側的口袋裡。

**表布**A＝平紋精梳棉布～ART GALLERY
FABRICS（Whispers Inbloom Cherryfield・
LCT-15506） **表布**B＝平紋精梳棉布～ART
GALLERY FABRICS（Petal Flamingoes Love
・WND-1535）／ART GALLERY FABRICS
（Nukumorino Iro株式會社） **鋪棉**＝雙膠鋪
棉～Owls Mama（MRM-1P）／日本VILENE
（株）

---

No.
**31** ITEM｜水滴鍋墊
作法｜P.75

為餐桌妝點上歡樂氣氛！只要擺上
可愛的水滴造型防燙鍋墊，似乎就
能讓用餐時光的對話更加熱絡。

**表布**＝平紋精梳棉布～ART GALLERY
FABRICS（Pointed Yellow・CHR-
1103） **裡布**＝平紋精梳棉布～ART
GALLERY FABRICS（Plash Mosaic Azure
・WPA-54507）／ART GALLERY FABRICS
（Nukumorino Iro株式會社） **鋪棉**＝單膠鋪棉
～Owls Mama（MK-DS-1P）／日本VILENE
（株）

---

No.
**30** ITEM｜鍋柄隔熱套
作法｜P.81

若將長柄煎鍋的把手完全包覆起
來，料理時就不必時時戴著隔熱手
套，外觀看起來也很時尚，非常推
薦喔！

**表布**＝平紋精梳棉布～ART GALLERY
FABRICS（Tigris Lollipop・TAL-75300）／
ART GALLERY FABRICS（Nukumorino Iro
株式會社） **鋪棉**＝單膠鋪棉～Owls Mama
（MK-DS-1P）／日本VILENE（株）

---

No.
**29** ITEM｜母雞隔熱手套
作法｜P.78

光是放在（養在！？）廚房裡，彷
彿可以聽到咯咯咯♪母雞叫聲似的
鍋具隔熱套，讓料理時光變得更加
有趣！

**表布**＝平紋精梳棉布～ART GALLERY
FABRICS（Citrin・SE-609） **配布**＝平紋精
梳棉布～ART GALLERY FABRICS（Peacock
・OE-900）／ART GALLERY FABRICS
（Nukumorino Iro株式會社） **鋪棉**＝單膠鋪棉
～Owls Mama（MK-DS-1P）／日本VILENE
（株）

從背面側裝入保冷劑。

**34**

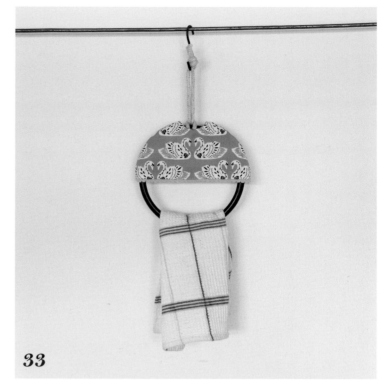

**33**

袋蓋內側的口袋裡，
可收納餐具或濕紙巾。

**36**

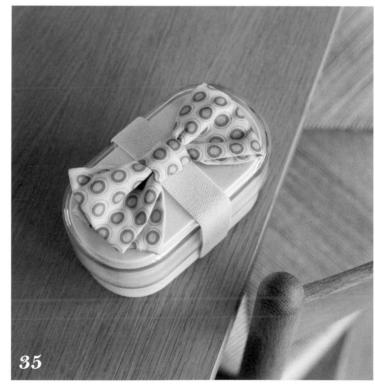

**35**

## No. 36
ITEM｜便當袋
作法｜P.83

方便攜帶的便當盒提袋。由於包夾
著鋪棉縫製，穩定性優異。

**表布**＝平紋精梳棉布～ART GALLERY
FABRICS（Pruning Roses Woodlands・
FUS-W-605）　**裡布**＝平紋精梳棉布～ART
GALLERY FABRICS（Prairie Dot Serene・
DHS-2087）　**配布**＝平紋精梳棉布～ART
GALLERY FABRICS（Shadow・SE-606）
／ART GALLERY FABRICS（Nukumorino Iro株
式會社）
**鋪棉**＝單膠鋪棉～Owls Mama（MK-DS-1P）
／日本VILENE（株）

## No. 35
ITEM｜餐盒束帶
作法｜P.82

以時尚的蝴蝶結為標記的餐盒束
帶。鬆緊帶的長度，可配合便當盒
自由調整長度。

**表布**＝平紋精梳棉布～ART GALLERY
FABRICS（Peacock・OE-900）／ART
GALLERY FABRICS（Nukumorino Iro株式會
社）
**薄接著襯**＝接著布襯～Owls Mama（AM-W2）
／日本VILENE（株）

## No. 34
ITEM｜保冷劑收納套
作法｜P.82

時值殘暑的秋老虎季節，對於便當
的保冷絲毫不能大意。兼具午餐盒
束帶的保冷劑收納套，相當值得推
薦。

**表布**＝平紋精梳棉布～ART GALLERY
FABRICS（Plash Mosaic Azure・WPA-
54507）／ART GALLERY FABRICS
（Nukumorino Iro株式會社）

## No. 33
ITEM｜毛巾掛環裝飾套
作法｜P.82

掛環式毛巾架。建議可使用直徑約
15cm的袋物用提把。

**表布**＝平紋精梳棉布～ART GALLERY
FABRICS（Baltic Swans Sky・TAL-65304）
／ART GALLERY FABRICS（Nukumorino Iro
株式會社）　**中薄接著襯**＝接著布襯～Owls
Mama（AM-W3）／日本VILENE（株）

**38**

**37**

**40**

**39**

No.
**40** ITEM｜袋中袋
作 法｜P.80

可一口氣完全收納筆記本、電子計
算機、筆類等小物的袋中袋。直接
從包包裡拿出後，就能放在桌子上
使用。

表布＝棉麻帆布～COTTON＋STEEL
（AB8010-012）／COTTON＋STEEL

No.
**39** ITEM｜蝴蝶結筆袋
作 法｜P.85

以蝴蝶結點綴出特點的筆袋。雖然
作法簡單，但存在感卻相當強烈，
一定會是書桌上最吸睛的小物！

表布＝平織布～COTTON＋STEEL（AB8020-
002）／COTTON＋STEEL

No.
**38** ITEM｜附提把收納籃
作 法｜P.84

將布片併接縫合後製作而成的布製
收納籃。放一個在書桌上，瑣碎的
文具用品就能隨手收納整齊，相當
便利。

薄接著襯＝接著布襯～Owls Mama（AM-W2）
鋪棉＝單膠鋪棉～Owls Mama（MK-DS-1P）
／日本VILENE（株）

No.
**37** ITEM｜小物收納盤
作 法｜P.79

將牛奶盒作為芯襯的小物收納盤。
利用繡線製作的流蘇作為點綴裝
飾。不使用時，可以疊放保存，不
占空間！

右‧表布＝平織布～COTTON＋STEEL
（AB8049-002） 右‧裡布＝平織布～
COTTON＋STEEL（AB8046-001） 左‧表
布＝平織布～COTTON＋STEEL（AB8049-
001） 右‧裡布＝平織布～COTTON＋
STEEL（AB8046-002）／COTTON＋STEEL
左右通用‧中薄接著襯＝接著布襯～Owls
Mama（AM-W3）／日本VILENE（株）

16

不妨在造型簡約的筆記本封面上，黏貼喜歡的布料，創作出專屬於自己的筆記本！當作小禮物送人，也相當討喜唷！

表布＝棉麻帆布～COTTON＋STEEL（AB8012-012）／COTTON＋STEEL
鋪棉＝單膠鋪棉～Owls Mama（MK-DS-1P）／日本VILENE（株）

No.
41 ITEM｜文具收納袋
作法｜P.84

A5筆記本大小的文具收納袋。透過將文具分格收納於細分的小口袋裡，使物品一目瞭然，就算放在大包裡也不會雜亂。

表布＝棉麻帆布～COTTON＋STEEL（AB8012-012）／COTTON＋STEEL
鋪棉＝單膠鋪棉～Owls Mama（MK-DS-1P）／日本VILENE（株）

## 布貼封面筆記本的作法

**材料** A5筆記本　1本／表布（平織布）35cm×30cm／雙膠棉襯　35cm×30cm

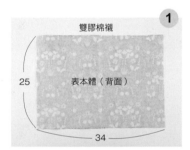

**1**

雙膠棉襯

25　表本體（背面）

34

於表布的背面黏貼雙膠棉襯，裁剪成34cm×25cm。

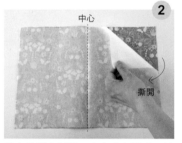

**2**

中心

撕開。

將本體縱向對摺，畫上中心記號，並將右半邊的防黏紙撕至中心為止。

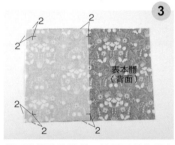

**3**

2　2

2

表本體（背面）

2　2

2

剪下半邊的防黏紙，依圖示於左側畫上記號。

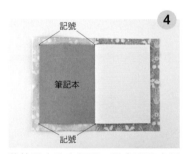

**4**

記號

筆記本

記號

將筆記本確實打開，對齊記號處置放。

**5**

表本體（正面）

闔上筆記本後，以熨斗燙貼已撕下防黏紙側的封面。

**6**

撕下。

撕下另一側的防黏紙。

**7**

表本體（正面）

以熨斗燙貼另一側的封面。此時請注意避免超出筆記本大小的布料黏在一起。

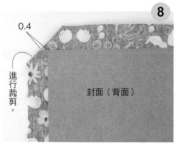

**8**

0.4

進行裁剪。

封面（背面）

斜剪筆記本邊角的摺份（4個邊角處）。

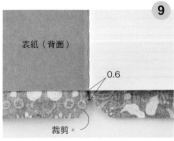

**9**

表紙（背面）

0.6

裁剪。

將中心的摺份裁剪成V字形（共2處）。

**10**

封面（背面）

摺疊。

將縱側的摺份往封面的背面側摺入，並以熨斗燙貼。

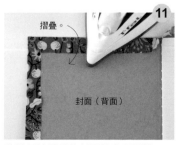

**11**

摺疊。

封面（背面）

摺疊。

將橫側的摺份往封面的背面側摺入，並以熨斗燙貼。請小心謹慎地摺疊出美麗的邊角。

**12**

封面（背面）

以錐子等物將中心的摺份塞入筆記本的接縫處。

簡單又可愛！

# 繡出英倫的迷人風采！

英式下午茶、庭院花園、倫敦巴士、蘇格蘭裙、哈利波特的魔法世界、奇幻愛麗絲、華麗冠冕……

在布作袋物、衣物、雜貨小物上繡一個特色圖案，就能簡單提升質感＆賦予異國氛圍的想像情境。

在500個主題圖案中找出你的倫敦印象，繡出喜歡的作品吧！

## 英倫風手繪感可愛刺繡500選

E & G Creates◎授權
平裝／80頁／21×26cm
彩色＋單色／定價380元

攝影＝回里純子　造型＝西森萌　妝髮＝タニジュンコ　模特兒＝千歩

**布作職人的重點建議！**

# 縫製繽紛搶眼的手作包＆波奇包！

「改天一定要拿它來作一件得意作品！」
大家的家裡應該都有這樣一塊寄託著夢想的壓箱寶布料吧？
不論是壓棉布還是印花布，就讓我們一起活用布料，
創作出繽紛搶眼的手作包＆波奇包吧！

## No. 43

ITEM｜壓線馬歇爾包
作法｜P.86

以壓棉布製作而成的橢圓形袋底馬歇爾包。因為在袋底＆袋口處包夾著出芽帶縫製，所以不僅能維持袋型，還能兼具穩定性。

表布＝格子壓棉布（502681・9 紅色蘇格蘭格子）／KINKADO池袋KN樂天店

## No. 44

ITEM｜壓線波奇包
作法｜P.99

大小尺寸方便收納隨身物品的波奇包。可將出芽帶或拉鍊配色變換成紅色、黃色或綠色等，點綴出不同的特色變化。繫上肩帶型提把，作成小型手袋風的波奇包，也非常出色。

表布＝格子壓棉布（502681・1 Black Watch大）／KINKADO池袋KN樂天店

43

44

製作＝くぼでらようこさん（http://www.dekobo.com/）

拼布小建議 from
**くぼでらようこ老師**

不論是手作包或是波奇包，建議縫製時盡量對齊花樣。波奇包只要將拉鍊的中心與上側身布的中心對齊，便可輕鬆對齊花樣。

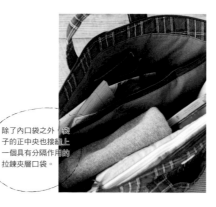

除了內口袋之外，袋子的正中央也接縫上一個具有分隔作用的拉鍊夾層口袋。

提把的長度恰好適合手提或掛在手腕上。

罩衫・附腰繩寬管褲／avecmoi（FELISSIMO）

扣接市售的肩帶，就能當成小肩包使用。

# No.
# 45

ITEM│手縫式
口金手提包
作法│P.87

附有竹節提把的時尚口金手提包。由
於口金上附有手縫孔，因此只要沿著
手縫孔接縫本體，即可漂亮地完成縫
製。

提把＝附竹節提把口金（BK-2702・AG）／
INAZUMA（植村株式會社）
薄接著襯＝接著布襯～Owls Mama（AM-
W2）／日本VILENE（株）

45

46

拼布小建議
*from*
加藤容子老師

因為是從袋底大量抓取褶襉，縫
製出蓬鬆飽滿感的設計，所以比
起諸如帆布等厚實硬挺的布料，
建議挑選牛津布或亞麻布這類材
質輕薄的棉布。手縫式口金的接
縫方法參見P.29。

製作＝加藤容子（https://blog.goo.ne.jp/peitamama）

# No.
# 46

ITEM│手縫式口金波奇包
作法│P.89

同作品No.45，一樣使用了有孔口金。除
了可裝入文具或裁縫用具之外，大小也相
當適合用來收納眼鏡。

薄接著襯＝接著布襯～Owls Mama（AM-W2）／
日本VILENE（株）

沿著口金的手縫孔，
以回縫的方式縫合固
定。刻意使用鈕釦接
縫線等較粗的線材也
OK。

手提時，不會太
大或過小的絕妙
尺寸。

罩衫・附腰繩寬管褲／avecmoi
（FELISSIMO）

20

## No. 47

ITEM｜鋁管口金手提袋
作法｜P.88

使用了可以輕鬆開關，安裝上也十分簡單的鋁管口金。擁有高雅的造型，兼具側身穩固的特性，收納容量也相當充足。

提把＝合成皮提把 約45cm（GS-4501・黑色）／（株）Sun Olive　厚接著襯＝接著布襯～Owls Mama（AM-W4）　中薄接著襯＝接著布襯～Owls Mama（AM-W3）／日本VILENE（株）

## No. 48

ITEM｜鋁管口金波奇包
作法｜P.89

與作品No.47相同，一樣使用了人氣的鋁管口金。由於袋口可大幅敞開，用來收納化妝品、文具、裁縫用具等瑣碎物品，相當便利。

口金＝鋁管口金（ALF20）／（株）Sun Olive　中薄接著襯＝接著布襯～Owls Mama（AM-W3）／日本VILENE（株）

47

48

製作＝加藤容子（https://blog.goo.ne.jp/peitamama）

拼布小建議
*from*
加藤容子老師

若不擅長接縫拉鍊，鋁管口金或許是個好選擇。只要將口金穿入口布之中，就可以輕鬆作出波奇包或手作包，請務必嘗試挑戰！安裝方法的重點參見P.30。

大幅敞開的袋口，取放物品完全輕鬆無壓力，收納能力超強！

印花布＆素色布拼接的本體極具時尚感，合成皮的提把則是別緻的點綴。

罩衫・附腰繩寬管褲／avecmoi（FELISSIMO）

## No. 49

ITEM｜購物袋
作 法｜P.90

造型令人聯想到商店購物紙袋的時尚
手提袋。堅實牢固的四方外形＆刻意
外露的針趾也是重點特色。

表布＝緹花布～SAFECO（IF3010-1）　提
把＝軟質皮革提把（GG0111-6＃710象牙
白色系）　接著襯＝袋物用接著襯（SWANY
Soft）／鎌倉SWANY

## No. 50

ITEM｜扁平波奇包
作 法｜P.90

雖然是造型簡單的拉鍊波奇包，但只
要利用花樣時尚的緹花布來製作，成
品的質感就會截然不同。不妨多製作
幾個花樣不同的波奇包，當成禮物送
人吧！

右・表布＝緹花布～SAFECO（IF3002・1
INDIGO）　左・表布＝緹花布～SAFECO
（IF3004・2 INDIGO）／鎌倉SWANY

**49**

**50**

**拼布小建議**
*from*
**鎌倉SWANY**

表布如果使用厚布料，當縫份重
疊時，收入邊角處的車縫也會變
得難以進行。此時，不妨將縫份
細裁之後進行調整。

由於造型簡單，因
此更能凸顯布料的
設計。

手提袋袋底的穩
定性較差時，建
議可放入袋物底
板加以補強。

罩衫・附腰繩寬管褲／avecmoi（FELISSIMO）

# 鎌倉SWANY風
## 大小適中的手作包

即便在鎌倉的人氣布料名店中，也擁有極高人氣的英國布料EDINBURGH WEAVERS。以帶有水彩觸感的藝術風印花布，來製作好用&大小適中的手作包吧！

No.
**51**　ITEM｜大托特包
　　　作 法｜P.91

適合購物或上課等，方便攜帶大量物品外出的大容量尺寸托特包。長約43cm的提把，無論肩背或手拿都恰到好處的完美。側身也有25cm的寬度，因此穩定感也極為優異。

表布＝亞麻布～EDINBURGH WEAVERS（COVENT GARDEN SOFT Linen NATUREL・IE1100-1）／鎌倉SWANY

針織連身裙
／avecmoi
（FELISSIMO）

BRAND｜***EDINBURGH WEAVERS***

1928年創業，為英國首屈一指的布料製造商。以「運用布料表現出現代美感」為理念，不斷持續推出最先進技術的布料。旗下商品廣受世界各國5星級飯店指名使用，以優異的品質受到全世界的肯定。

只要扣上問號鉤&摺疊側身，即可搖身一變成為截然不同的袋型。

袋口處接縫了附問號鉤的釦絆。

攝影＝回里純子　造型＝西森 萌　妝髮＝タニ ジュンコ　模特兒＝千步

<sub>No.</sub>
# 52

ITEM｜手腕包
作 法｜P.92

使用了大膽手繪觸感的大花印花布，製作成扁平手提袋。由於可壓縮摺疊變小，因此亦可作為隨身袋攜帶，非常實用。

表布＝亞麻布～EDINBURGH WEAVERS
（OHANA SOFT LINEN BURGUNDY
IE1095-1）／鎌倉SWANY

展開後，左右提把的長度並不相同。請將較長側的提把穿過較短側的提把來使用。

<sub>No.</sub>
# 53

ITEM｜縱長圓弧包
作 法｜P.93

雖是一款簡單附側身的托特包，但袋底處帶有圓潤感的造型卻有嬌柔的女性風格，與描繪著野花圖案的印花布作出絕妙搭配。並以裡布相同的素色布製作寬版提把，營造出雅緻的印象。

表 布 ＝ 亞 麻 布 ～ EDINBURGH
WEAVERS（NOVALEE LINEN
FOREST・IE1102-1）／鎌倉SWANY

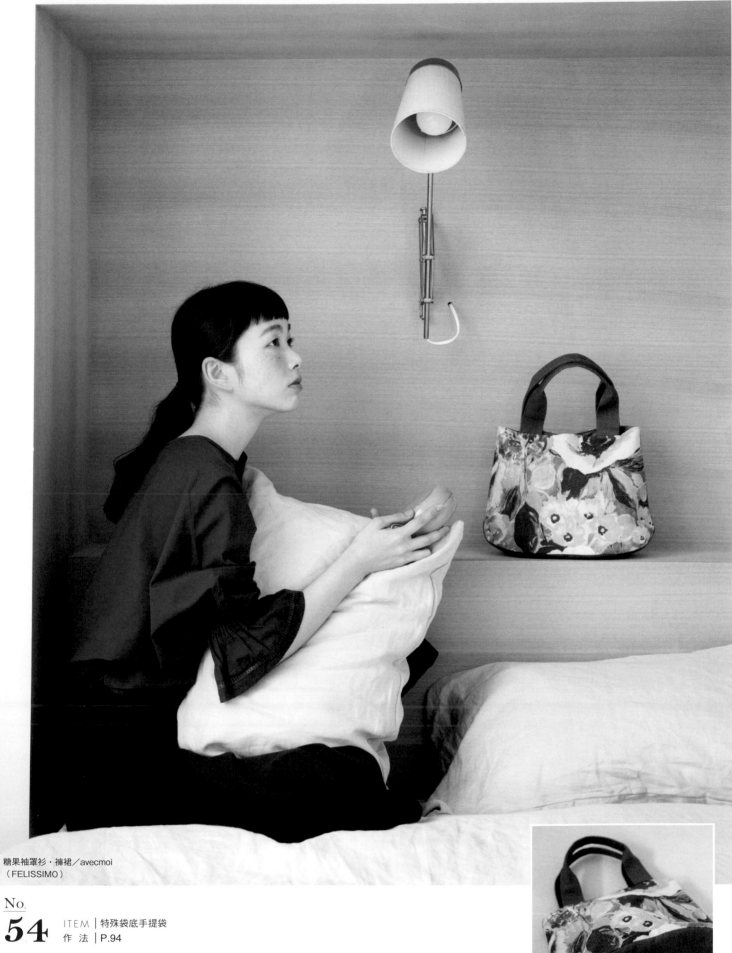

糖果袖罩衫・褲裙／avecmoi
（FELISSIMO）

## No.
# 54

ITEM｜特殊袋底手提袋
作 法｜P.94

方便手提的托特包。杏仁果造型的袋底趣味
十足，且相較於圓形袋底更為柔和的弧度，
在縫製上也相對簡單。袋身大小為手帳本或
隨身水壺都能輕鬆收納的尺寸。

表布＝亞麻布～EDINBURGH
WEAVERS（EDEN SOFT
LINEN PASTEL・IE1099-1）
／鎌倉SWANY

袋底利用與提把或裡布相
同的素色布拼接而成，營
造出特色韻味。

No.
**55**　ITEM │月牙肩背包
　　　　作 法 │ P.95

新月造型的肩背包。由於包型貼身，因此就算多裝一些物品也沒問題。肩帶附有活動日型環，可依個人喜好自由調整長度。

表 布＝亞 麻 布～EDINBURGH WEAVERS（EDEN SOFT LINEN PASTEL・IE1099-1）／鎌倉SWANY

糖果袖罩衫・褲裙／
avecmoi（FELISSIMO）

No.
**56**　ITEM │寬側身托特包
　　　　作 法 │ P.96

附有彈簧壓釦的寬版側身，容量十足的托特包。由於裝有袋物底板，穩定性佳，使用上更為便利。皮革製的提把則賦予了高尚典雅的印象。

表布＝亞麻布～EDINBURGH WEAVERS（COVENT GARDEN SOFT LINEN AUTUMN・IE1100-3）／鎌倉SWANY

Logo T恤・開襟衫・寬版牛仔褲／avecmoi
（FELISSIMO）

# 草木染 × 刺繡

每一次的手染色彩，都是無法複製的美妙偶遇。
每一次的穿針引線，都在勾勒花草植物的動人姿態。

**Veriteco刺繡圖鑑**
**以草木染繡線描繪花＆葉自然之姿**
浅田真理子◎著
平裝／80頁／19×26cm
彩色＋單色／定價420元

# 手作布包必學！
# 配件類的接縫・安裝技巧 Q&A

「不知道怎麼安裝配件」、「希望能教我順暢的安裝方式」……有感於經常收到這類的讀者提問，本期將就各種配件的安裝方式＆訣竅一一講解，希望能為你打通原本一知半解的疑惑，從此更加享受手作樂趣！

## Q.安裝固定釦很難吧？

**A.** 只要正確使用工具＆依序安裝，其實很簡單。

作品範例 No.15

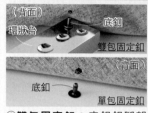

② **雙包固定釦：** 底釦釦腳朝上，置於環狀台上，並將布料背面朝下覆蓋。
**單包固定釦：** 在較硬的平台上將底釦釦腳朝上放置，布料背面朝下覆蓋。

① 在固定釦安裝的位置，以略小於固定釦底釦直徑的丸斬打洞。當固定釦較小時，亦可使用錐子打洞。

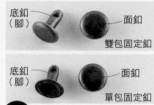

**Point** 固定釦分為雙包＆單包兩種類型。
**雙包固定釦**
兩面皆為有弧度的平面，推薦用於可看見兩側的作品處。
**單包固定釦**
單面為開孔狀，推薦用於只露出單面處。

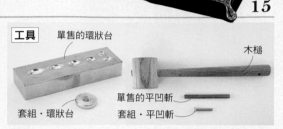

**工具**

**木槌**
**平凹斬**
有與固定釦成套搭售＆可單獨購買的選擇，請確認手邊現有固定釦適用的類型。
**環狀台**
僅適用雙包固定釦，有與固定釦成套搭售＆可單獨購買的選擇。單售的環狀台也有可對應多種尺寸的萬用款。

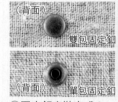

⑤ 固定釦安裝完成！

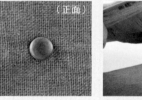

④ 將平凹斬的凹陷處垂直壓在固定釦面釦上，以木槌敲打至固定釦底釦釦腳壓下固定為止。

③ 蓋上面釦。

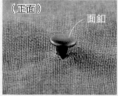

## Q.安裝磁釦時，有特別須要注意的細節技巧嗎？

**A.** 建議在安裝位置燙貼接著襯，加以補強。

作品範例 No.54

③ 對摺，在記號處剪切口。

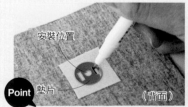

**Point** ② 將墊片中央的圓對準安裝位置，於兩側直向鏤空處（底釦插入位置）畫記記號。

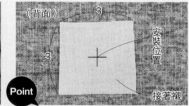

**Point** ① 由於安裝處須承受開合時的拉扯力道，一段時間之後布料可能會造成破損的情況，所以務必要在安裝處的背面燙貼接著襯。

磁釦多半安裝於一片布料上。可在縫合袋體前安裝，或在縫合後將手伸入返口進行安裝。

⑥ 磁釦安裝完成！

⑤ 將釦腳以手指或鉗子從根部朝外側扳摺。另一側也以①至⑤相同作法安裝。

④ 從正面插入磁釦釦腳，並蓋上墊片。

# Q.有順利安裝口金的祕訣嗎？

**A.** 仔細對齊合記號位置&必免錯位，就絕對沒問題！

**Point**

③對齊口金中心&本體中心，一邊看著裡本體側，同時將本體插入口金溝槽中。
注意！待白膠表面稍微乾燥後再插入本體，可迅速且牢固地完成固定。

②以牙籤等工具在口金溝槽中塗抹白膠。注意！只要在溝槽內側平均塗抹，接合本體時白膠就不容易溢出。

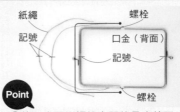

**Point**

①依口金兩側螺栓之間的長度剪下2條紙繩，並於中心作記號。口金則在中心黏貼紙膠帶，以麥克筆作記號。本體也預先作好中心記號。

雖然口金有各種形狀，但安裝的基礎方式皆相同。在此以箱型口金的安裝作為示範。
**箱型口金**：單側口金溝槽朝下，是製作箱型口金盒的專用口金。

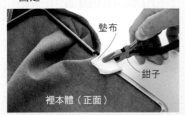

⑦為免傷及口金，請墊一小塊布料再以鉗子壓合。另一端也以相同方式製作。

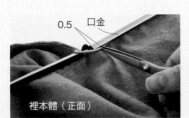

⑥將紙繩修剪成比口金短0.5cm的長度，並將剩餘紙繩也塞入口金中。另一端也以相同方式塞入紙繩。

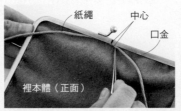

⑤對齊口金&紙繩中心，將紙繩塞入口金溝槽中，再朝螺栓方向往左右兩側壓入紙繩，此時請特別注意避免螺栓&本體開口止點的位置偏移。

④對齊口金螺栓&本體開口止點，一邊觀察開口止點～本體中心的平衡，一邊以錐子或螺絲起子將本體推入口金溝槽。另一端也以相同方式推入。

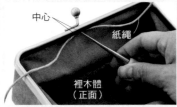

⑪自裡本體側塞入紙繩，以⑤至⑦相同方式安裝。

⑩對齊口金螺栓&本體開口止點，視整體平衡，將其餘本體布塞入口金溝槽中。

⑨在口金溝槽中塗入白膠，對齊口金&本體中心，一邊看著表本體，同時將本體塞入口金溝槽。

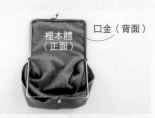

⑧單側口金安裝完成。使用一般口金的情況，另一側的口金也以相同方式接合。

③從中心起，一邊觀察與開口止點之間的平衡，一邊將主體塞入口金溝槽中。

**Point**

②對齊本體開口止點&口金螺栓，暫時止縫固定。

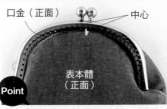

**Point**

①對齊本體&口金中心點，暫時止縫固定。

**口金（手縫式）**

口金上有穿縫孔，直接將口金縫合於本體進行安裝。

⑦改為從左往右，以填滿無縫線處的方式交錯出針進行平針縫，最後於裡側打結固定。
※在此改變從左往右的縫線顏色，以便清楚理解縫法。

⑥接著從右往左，以平針縫的方式縫合。最後則與起始處相同，以回針縫加強固定。

⑤接著從第1個針孔入針，進行回針縫，並由末端起第3個針孔出針。

④從口金末端起的第2個針孔，將縫針從背面朝正面出針。

**A.** 只要穿過接縫於本體袋口處的口布就OK！

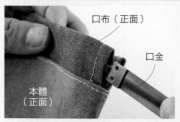

②將未裝插銷側的口金，分別穿入口金穿入口。

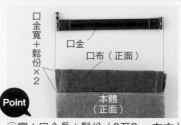

**Point**

①寬：口金長＋鬆份（0至2cm左右）
高：口金寬＋鬆份（0.5cm至1cm左右）×2
依以上尺寸裁剪口布2片（縫份外加）。

以手指按壓彈片兩側即可輕易開闔的口金。從收納包到斜背小包，依巧思可利用於各種包款。

**彈片口金**

在單側卡榫處插入插銷固定。

⑥彈片口金安裝完成！

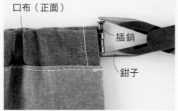

⑤以鉗子將插銷完全插入。

④將內附的插銷穿入卡榫中，以手指稍微下壓。

③從口布穿入口的另一側穿出，對齊卡榫。

作品範例 No. 48

②打開口金，拔下螺絲。

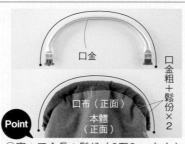

**Point**

①寬：口金長＋鬆份（0至2cm左右）
高：口金粗＋鬆份（0.5至1cm左右）×2
依以上尺寸裁剪口布2片（縫份外加）。

可大幅展開袋口。依口金大小，從收納包到布包皆適用。亦稱作鋁管醫生口金。

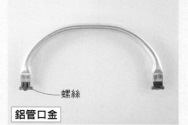

**鋁管口金**

拆卸卡榫處的螺絲進行安裝。只要拆卸螺絲，可多次替換使用。

⑥另一側也以相同方式穿入。

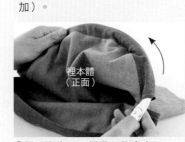

⑤從口布穿入口的另一側穿出。

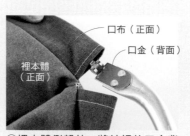

④裡本體側朝外，將較細的口金背面朝上＆穿入口布中。

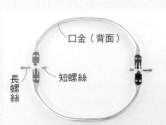

③拆卸螺絲，分開2支口金。

⑩另一側也以相同方式鎖上螺絲，完成！

⑨將較短的螺絲從內側插入，並鎖緊固定。

⑧將較長的螺絲從外側插入。

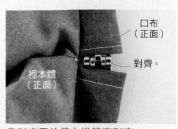

⑦對齊零件使卡榫筆直對齊。

## Q.竹節提把要如何安裝？

### A.製作&接縫口布。

作品範例 No. **61**

②將口布接縫於本體，並摺疊邊緣縫份。

車縫。
口布（背面）
表本體（正面）
摺疊。

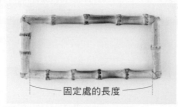

四角形提把則測量圖示位置。

固定處的長度

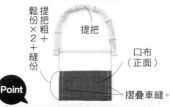

①寬：固定處長度＋鬆份（0至2cm左右）＋縫份2cm
高：固定處粗度＋鬆份（0.5至1cm左右）×2＋縫份2cm
依以上尺寸裁剪口布2片，兩側內摺1cm&車縫固定。

提把粗＋鬆份×2＋縫份
提把
口布（正面）
摺疊車縫。

**竹節提把**

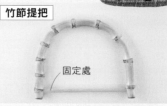

常用於祖母包等款式的竹節提把，固定處為較細長的橫條。類似的設計還有木製、塑膠製等材質，但接縫方式大致相同。

固定處

⑥另一側也以相同方式接縫。

提把
口布（正面）
裡本體（正面）

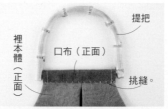

⑤以避免縫線露出於表面的方式挑縫口布。

提把
口布（正面）
裡本體（正面）
挑縫。

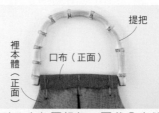

④以口布包覆提把，覆蓋②車縫線，並以珠針固定。

提把
口布（正面）
裡本體（正面）

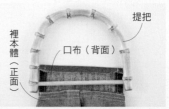

③裡本體側朝上，將提把放在口布上。

提把
口布（背面）
裡本體（正面）

## Q.手縫式提把，在接縫過程中容易偏移原定位置……

### A.先暫時固定，就會比較好縫。

作品範例 No. **47**

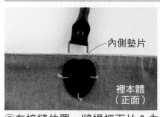

②在接縫位置，將提把下片&內側墊片一起以縫線暫時固定。雖然也有用白膠黏貼固定的作法，但使用附墊片的款式時，以疏縫的方式較容易對齊針孔位置。

內側墊片
裡本體（正面）

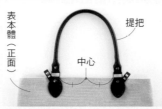

①決定接縫位置。以提把可呈現自然筆直弧度的距離，自中心點均分配置。

提把
中心
表本體（正面）

提把下片有穿縫孔的手縫式提把，分為有內側墊片&無內側墊片兩種。建議以1股較粗的手縫線縫合，或使用堅韌的提把用縫線也OK。

皮提把（手縫式）
提把下片
內側墊片

⑥從上方第2個針孔出針。

上方第2個針孔

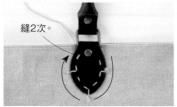

⑤接續④，交互從針孔出針，和內側墊片一起進行平針縫。最後1針縫2次。

縫2次。

④從上方第2個針孔於正面出針。

上方第2個針孔
表本體（正面）

③從裡本體的內側墊片下方入針，使線結隱藏在內側墊片下方。

內側墊片
裡本體（正面）

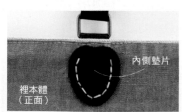

⑨提把接縫完成！其餘三處也以相同方式固定。

內側墊片
裡本體（正面）

⑧最後1針縫2次。將線於裡本體側出針，並於內側墊片下方打結固定&剪斷縫線。

提把
表本體（正面）

⑦與③至⑥相反方向進行平針縫，交錯出針填滿未過線處。
※在此改變從左往右的縫線顏色，以便清楚理解縫法。

縫2次。

## Q.想知道漂亮接縫出芽帶的訣竅！

**A.**只要車縫在正確位置，不讓縫線外露，就能夠漂亮地完成。

作品範例 No.44

車縫於縫線上。　出芽帶

Point　裡本體（正面）

③對齊裡本體＆出芽帶布邊，沿著出芽帶縫線車縫（紅線）。

Point

②使用螺絲式的單邊壓布腳，以便俐落地車縫到出芽帶的邊緣。

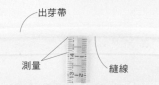

Point

出芽帶　測量　縫線

①測量出芽帶縫線至布邊的長度，並以此長度＋0.1cm作為本體縫份。在此示範的出芽帶為0.9cm，因此縫份為1cm。

縫線

✕　表本體（正面）

若步驟③沒有確實車縫於出芽帶縫線上，或步驟④沒有車縫於③的縫線內側，就會露出縫線。

✕　③的縫線

裡本體（背面）

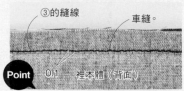

出芽帶

表本體（正面）

⑤翻至正面。確認出芽帶縫線沒有外露，即漂亮完成！

③的縫線　車縫

Point　0.1　裡本體（背面）

④與表本體正面相向疊合，看著裡本體側，沿著③的縫線內側0.1cm處車縫（黃線）。注意不要車縫得太過內側，以免車縫入出芽芯繩。

---

## Q.以斜布條滾邊時，有需要注意的重點嗎？

**A.**多下功夫在斜布條的摺法上，就能車縫出美觀的縫線。

作品範例 No.32

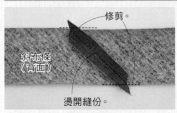

修剪。

斜布條（背面）

燙開縫份。

④燙開縫份，修剪凸出的縫份。

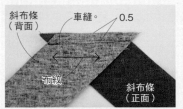

斜布條（背面）　車縫。　0.5

布紋　斜布條（正面）

③製作較長的斜布條時，須進行拼接車縫。如圖所示，斜布條正面相向對齊，取0.5cm縫份進行車縫。

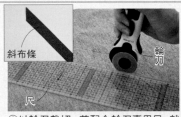

斜布條　輪刀　尺

②以輪刀裁切。若配合輪刀專用尺，就不會誤切量尺，可筆直地裁切出斜布條。

滾邊寬度×4　紙張　45°

①將布料放在切割墊上。對摺影印紙邊角，並配合布紋放置，以此測量45°角。沿紙張邊緣，以尺測量滾邊寬×4的寬度畫線。

本體（背面）

斜布條（正面）

Point　滾邊背面側　包捲

⑧以斜布條包捲本體，翻至背面側。此時務必要以覆蓋⑦縫線方式摺疊。

沿著摺線車縫。　滾邊的正面側

斜布條（背面）

本體（正面）

⑦暫時展開斜布條寬度較窄側的摺線（滾邊正面側），對齊斜布條＆本體布邊，沿摺線車縫。本體的斜布條包捲處不須外加縫份。

滾邊的正面側　摺疊。

Point　斜布條（正面）　0.1

⑥將⑤製作的斜布條，錯開0.1cm摺疊。寬度較窄的一邊作為滾邊正面側。

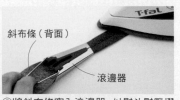

斜布條（背面）　滾邊器

⑤將斜布條穿入滾邊器，以熨斗熨壓摺疊，使布邊於中心對合。

斜布條（正面）

（正面）

曲線處，則在斜布條預留鬆份進行車縫。若沒有鬆份，包捲時會扯緊斜布條，無法呈現出漂亮的弧度。

預留鬆份。

斜布條（背面）

（正面）

Point　曲線處縫法

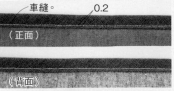

車縫。　0.2

（正面）

（背面）

挑縫。

**⑨手縫時**

避免正面看見縫線，以挑縫背面側的斜布條進行固定。此作法適合包捲夾入棉襯等具有厚度的布料時使用。

**⑨以縫紉機車縫時**

從正面車縫。藉由在步驟⑥錯開0.1cm＆在步驟⑧覆蓋縫線摺疊，可避免背面側漏車。不好車縫時也可以先進行疏縫。

## Q.總是無法順利接縫拉鍊！

**A.** 仔細對齊合印記號，就能漂亮地縫好拉鍊。

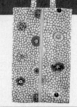

作品範例 No. 12

③車縫至拉鍊頭附近時，在車針刺入布料的情況下停針，抬起壓布腳移動拉鍊頭，避開車縫。

②表本體＆拉鍊正面相向重疊，對齊合印記號。使用拉鍊壓布腳，以縫紉機車縫。若有裡本體，則從邊緣0.5cm暫時車縫固定。無裡本體時，則直接以0.7cm寬進行車縫。

①拉鍊長度＝從上止到下止的長度。接合側的本體長度是拉鍊長度＋縫份。拉鍊＆本體上，皆須作出中心點＆拉鍊長度的記號。

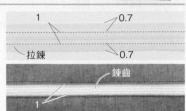

露出1cm鍊齒是最美觀＆容易開關的位置配置。通常此位置位須距離拉鍊布邊0.7cm，因此拉鍊要取0.7cm縫份進行車縫，接合側的本體縫份也是0.7cm。

⑦另一側也以相同方式車縫。平均地露出拉鍊＆確實空出上下布邊，即為理想的拉鍊接縫位置。

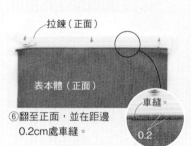

⑥翻至正面，並在距邊0.2cm處車縫。

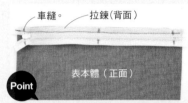

⑤須接縫裡本體時，與表裡本體正面相對重疊＆對齊合印記號，在距邊0.7m處車縫。

⑤須接縫裡本體時，與表裡本體正面相對重疊＆對齊合印記號，在距邊0.7m處車縫。

④務必對齊合印記號車縫，或先以疏縫暫時固定位置亦可。正式車縫時，由於要保持距離邊緣0.7cm筆直車縫，因此在熟練之前，建議以消失筆畫出車縫線輔助。

---

**收納包的拉鍊接縫方式**

在製作No.19・No.50類型的收納包時，摺疊拉鍊布邊兩端，即可避免拉鍊布被縫進兩脇，完成漂亮的作品。

作品範例 No. 19

作品範例 No. 50

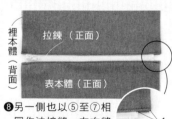

④收納包本體寬為拉鍊長度＋縫份（2cm）。分別在拉鍊中心・本體中心・拉鍊長度（收納包袋口完成尺寸）處作記號。

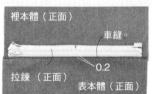

③車縫固定。下止側也以相同方式車縫。不好車縫時以白膠黏貼亦可。

②摺疊處再斜向朝上翻摺。

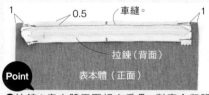

❶為免車縫到拉鍊上止＆下止端的布邊，請事先摺疊固定。將拉鍊布邊末端從上止往背面側摺疊。

⑧另一側也以⑤至⑦相同作法接縫。左右縫份處不車縫拉鍊。

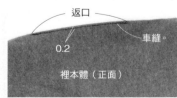

⑦翻至正面，車縫表本體＆拉鍊。製作收納包時，請避開裡本體車縫。

⑥與裡本體正面相向重疊，對齊合印記號，在距邊0.7cm處車縫。

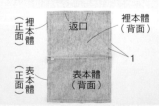

⑤拉鍊＆表本體正面相向重疊，對齊合印記號，在距邊0.5cm處暫時車縫固定。此時請注意對齊合印記號，並務必不要在左右1cm的縫份處車縫拉鍊。

---

（最下方四張圖）

⑫將裡本體放入表本體中，整理袋體。

⑪內摺返口縫份，縫合返口。

⑩翻至正面。裡本體維持不翻出底角的狀態。

⑨將表本體＆表本體、裡本體＆裡本體各自正面相對對齊，預留返口車縫四周。此時注意不要車入避開的拉鍊。

全圖解！好簡單！

# 初學者也能立即上手的
# 150款時尚設計小物

★全圖解！初學者也能輕鬆製作！　★基礎飾品手作技巧，一次學會！
★詳細記載製作作品時必要的基本技法　★完全收錄手作迷必備人氣款飾品150款

以珍珠、天然石、金屬配件、熱縮片、黏土、UV水晶膠等六大人氣素材，

應有盡有的品項，滿足手作控的職人魂！

人氣女子的漂亮手則
人見人愛的手作飾品LESSON BOOK
朝日新聞出版◎授權
平裝／200頁／19×26cm
彩色／定價480元

只要配戴上飾品，心情也會隨之燦爛，閃閃發光！

自己親手打造的手作飾品，更是錦上添花。

本書不僅收錄了珍珠、天然石、金屬配件等基礎材料飾品，

也使用熱縮片、黏土、UV水晶膠等近年來的人氣素材，

每一款作品都是可以外出配戴的手工設計飾品。

書中的HOW TO MAKE步驟，

以圖文對照的方式，進行鉅細靡遺的解說，

初學者也能輕鬆製作並運用搭配。

現在，就讓我們開始快樂地動手作飾品吧！

# 日常好用手作包

結合時尚魅力的色彩＆帆布特有的厚實布料感，
以8號水洗帆布製作日常使用的包款吧！

攝影＝回里純子　造型＝西森 萌　妝髮＝タニ ジュンコ　模特兒＝千步

### 8號水洗帆布
### 能以家用縫紉機車縫嗎？

在11號到2號的帆布中，8號雖屬略厚的布料，卻普遍被歸類於
能以家用縫紉機勉強車縫的厚度。車線盡可能準備30號（60號
亦可），車針則建議使用16號。若使用太細的針，會不敵布料
厚度而摺斷。本次介紹的8號水洗帆布雖然布料經過洗滌處理，
但由於比一般帆布更厚，因此縫製過程中建議不要使用珠針，
而是以「疏縫固定夾」或
「縫份雙面膠帶」暫時固
定。只要掌握了厚布特有
的車縫訣竅，就能夠作出
市售帆布包般的作品，請
務必挑戰看看！

## No.
# 57

**ITEM** | 單肩背托特包
**作 法** | **P.97**

以合成皮滾邊條作為裝飾重點的托特包。
就算裝入大量內容物也不會變形，是8號
帆布的特色。特別推薦作為日常布包使
用。

表布＝8號水洗帆布（OLIVE）
滾邊條＝合成皮滾邊條 兩摺寬22mm（茶色）
／藤久（株）

洋裝／avecmoi（FELISSMO）

## No. 59

ITEM｜隨行包
作 法｜P.85

以8號帆布製作廣受歡迎的sacoch隨行包,呈現出中性百搭的質感。由於能夠分類收納零散小物,作為袋中袋使用也能兼具靈活機動的功能性。

表布=8號水洗帆布（BEIGE）／藤久（株）

## No. 58

ITEM｜插釦包M・L
作 法｜P.92

以插釦提把展現時尚度的布包。捲起包口&插上插釦即可使用,便利又有型!由於側身寬闊,穩定感佳,因此實用性也很優異。

右・表布=8號水洗帆布（GREY）
左・表布=8號水洗帆布（L・BLUE）／藤久（株）

# 家用縫紉機就上手的20個手作包提案

本書收錄20款經典簡約又極具時尚設計感的手作帆布包,
增加袋物的實用度及設計趣味,不強調過度花俏的配置,
但能夠讓人一眼就愛上,這就是帆布包引人入勝的最大魅力。
永遠不褪流行的經典手作包,非「帆布包」莫屬!
不僅具有耐用實用的優點,也是日常衣著的最好穿搭神器!

**簡單時尚:有型有款の手作帆布包**
日本VOGUE社◎授權
平裝／80頁／19×26cm
彩色+單色／定價420元

# 今天，要學什麼布作技巧？

## ～波士頓包～

布物作家・くぼてらようこ老師的人氣連載——
試著以手藝用品店也容易購買的壓棉布製作波士頓包吧！

攝影＝回里純子　造型＝西森 萌
妝髮＝タニ ジュンコ　模特兒＝千歩

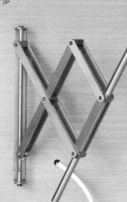

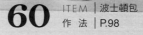

No.
**60**　ITEM｜波士頓包
作法｜P.98

使用了具有秋日風情的皇家軍隊格紋壓棉布製作而成的波士頓包。藉由夾入出芽帶的細節作法，可增加包體的穩定感＆確實維持形狀。由於是可應付1至2天夜宿旅行的尺寸，攜帶物品較多時也適用。

表布＝壓棉布・格紋（502681・1 Black
watch大）／KINKADO KN店

*profile*

**くぼでらようこ老師**

自服裝設計科畢業後，任職於該校教務部。2004年起以布物作家的身分出道。經營dekobo工房，以布包、收納包和生活周遭的物品為主，製作能作為成熟簡約穿搭重點的日常布物。除了提供作品給縫紉雜誌之外，也擔任體驗講座和Vogue學園東京校・橫濱校的講師。

http://www.dekobo.com

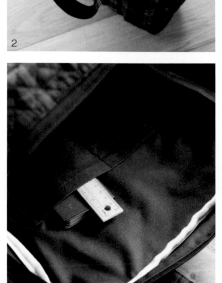

不只時尚！
**細節設計
也很便利**

1 提把是肩背＆手提都OK的方便長度。
2 使用雙開式拉鍊。
3 可收納零碎小物的內口袋，非常方便。
4 兼具裝飾性的外口袋，可置放眼鏡或票卡夾
 等物品，隨時可立即取用。

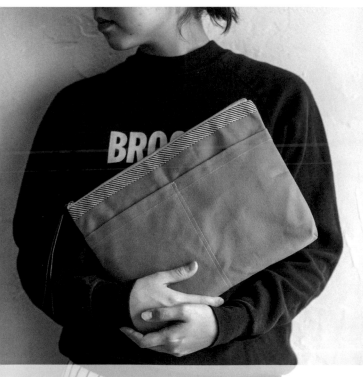

手 拿 包 ， 就 是 潮 ！
# 為初學者量身定作，
# 時尚感最強的21個隨身小包

簡單最好！手拿包の大好時代
21個好用又好搭の隨身小包
河出書房新社◎授權
平裝72頁／彩色＋單色
19×26cm 定價380元

以英國老字號粗花呢品牌LINTON的布料，
製作能漂亮展現大人時尚的布包＆波奇包吧！

LINTON粗花呢

# 時尚大人風手作包

攝影＝回里純子　造型＝西森萌　妝髮＝タニジュンコ　模特兒＝千步

LINTON因為被經典品牌指定
為粗花呢供應商而聲名大噪。
從織線染色、織布作業到織品
設計，LINTON皆由自家工廠
進行一貫作業，藉此以維持最
高級的品質。並在保留傳統的
同時迎合時代潮流，因此受到
全世界訂製服工坊一致親睞，
持續製作出以優質＆新穎材質
感為魅力的LINTON粗花呢
布。

### No.
# 61

ITEM｜竹節提把祖母包
作　法｜P.100

彰顯了布料質感的簡約袋型祖母
包。寬達5cm的側身，保障了可充
分收納錢包、手機等隨身物品的容
量。是相當適合從夏至秋，搭配季
節變化時期穿著的布包。

表布＝粗花呢～LINTON零碼布（118-
03-001-008）※使用2片。
提把＝竹節提把AZYT-3（394-06-
017）／YUZAWAYA

商品號：
118-03-001-003

商品號：
118-03-001-008

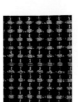
YUZAWAYA獨家贈品
LINTON粗花呢零碼布每
片皆附贈1片織品布標。
簡單添加在作品上，就能
提昇完成度。

## ［ LINTON 粗花呢布 ］

零碼布
材　質：羊毛混紡
生產國：英國・蘇格蘭
尺　寸：約35cm×33cm

商品號：
118-03-001-004

商品號：
118-03-001-001

商品號：
118-03-001-007

商品號：
118-03-001-009

商品號：
118-03-001-002

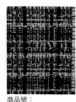
商品號：
118-03-001-006

商品號：
118-03-001-005

## No. 63
ITEM｜手縫式口金波奇包
作法｜P.89

使用手縫式口金框的波奇包。高級粗花呢的質感能夠提昇小巧收納包的存在感，裝飾布標也是亮眼的小點綴。

右・表布＝粗花呢布～LINDON零碼布（118-03-001-003）
左・表布＝粗花呢布～LINDON零碼布（118-03-001-006）
左右共通・口金＝口金BK-1073（394-21-020）／yuzawaya

## No. 62
ITEM｜小肩包
作法｜P.100

袋口使用彈片口金的斜背小肩包。最適合用來收納手機或眼鏡。可藉由肩背帶打結位置簡單變化長度，這點也很棒呢！

表布＝粗花呢布～LINDON零碼布（118-03-001-005）
口金＝彈片口金14cm（394-07-024）／yuzawaya

# 解放雙手的紡織創作欲
## 將零星線段變成身上的美麗小物吧！

只要利用身邊隨手可得的厚紙板、紙箱、相框、木片等材料，
就能製作各種小巧的迷你織布機，織出杯墊、別針、包釦、戒指、手環，
甚至是小型的隨身包等創意小物！

從零開始的創意小物
**小織女的DIY迷你織布機**

蔭山はるみ◎著
平裝／80頁／19×26cm／彩色+單色
定價420元

與布小物作家細尾典子老師一起享受季節活動的手作新連載開始！

第1期的主題是──秋日節慶・萬聖節！

# 細尾典子的
# 創意季節手作

~令人期待不已的萬聖節！~

攝影＝回里純子　造型＝西森 萌

將P.42提包內側翻出，就成為不同感覺的另一個包了！

## No. 64

ITEM | 南瓜手提包
作 法 | P.107

利用褶襉作出蓬鬆渾圓的袋型，線條宛如南瓜的手提包。象徵南瓜蒂頭的黑色釦絆，是不是很淘氣的設計呢！此作品雙面皆能使用，這也是讓人開心的重點。布料不限於南瓜圖案，就算使用素色、圓點、格子等樣式也能營造氛圍。

說到萬聖節，就會有兒童慶典的印象對吧？其實如南瓜、骷髏、魔女和黑貓等元素，也有許多時髦成熟且適合手作的圖案。今年就以兼具裝飾造型的主題布包＆收納包，來炒熱萬聖節氣氛吧！

*profile*

**細尾典子**

現居於神奈川縣。以原創設計享受日常小物製作樂趣的布小物作家。長年於東戶塚經營拼布、布小物教室，也有許多因應學生需求，設計尺寸＆款式的小物作品。本期P.58介紹了細尾老師優美的工作室，更多令人莞爾一笑＆方便實用的季節小物連載也將陸續登場喔！

@ @norico.107

ITEM | **骷髏收納包**（欣賞作品）

以貼布繡車縫出可愛骷髏圖案的圓形收納包。以抽細褶的方式作出圓滾滾的形狀，容易攜帶非常好用。拉鍊袋口的設計，裝入鑰匙或隨身化妝品等小物也很OK。

充當包包提把用途的可拆卸問號鉤掛繩相當方便。

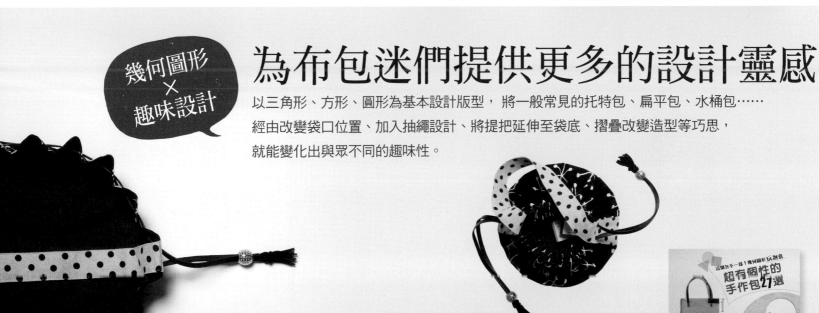

## 幾何圖形 × 趣味設計

# 為布包迷們提供更多的設計靈感

以三角形、方形、圓形為基本設計版型，將一般常見的托特包、扁平包、水桶包……
經由改變袋口位置、加入抽繩設計、將提把延伸至袋底、摺疊改變造型等巧思，
就能變化出與眾不同的趣味性。

**這個包不一樣！**
幾何圖形玩創意・超有個性的手作包27選
日本ヴォーグ社◎授權
平裝／80頁／21×26cm
彩色＋單色／定價320元

欣賞作品

ITEM

## 切割拼布國旗抱枕
（右·米字旗、左·三色旗）

作成英國米字旗＆法國三色旗
圖案的抱枕。將素色布料加上
國旗圖案後，進行切割拼布。
可當成極簡風室內裝潢的裝
飾。

### 何謂切割拼布……

重疊數片布料，以縫紉機斜向車縫，並在車線之
間切出切口之後，經過洗滌使布料表面起毛的一
種拼布技巧。能夠呈現出絨布般的質感，並享受
重疊布料的配色樂趣。使用經過切割拼布處理的
布料製作包包、收納包或家飾小物，能夠帶來有
別於使用一片布料製作時的質感。

# 切割拼布
# 摩登sytle

你聽過「切割拼布」嗎？這是一種將布料以規律的斜向切割＆進行刷毛處理的拼
布手法。試著以Clover斜線切割刀，挑戰摩登的切割拼布吧！

ITEM

## 切割拼布迷你提袋

將印花布進行切割拼布，使圖
案產生起毛的效果，創造出有
趣的質感。只要縫上皮革製提
把，就算是簡單的提袋，也能
夠做出強烈存在感的成品效
果。

攝影＝回里純子　造型＝西森 萌
作品製作·作法指導＝赤坂美保子·山本茂雄

# 斜線切割刀

# 切割拼布的作法

**準備物品**
・斜線切割刀（57-505）／Clover（株）
・A布（棉麻帆布・最上層的布料）25cm×35cm
・B布（平織布・上方起第2層、第3層布料）25cm×35cm 2片
・C布（平織布・最下層布料）約28cm×39cm
・疏縫線　・尺　・消失筆　・洗衣網　・鬃刷

**推薦！**

### 斜線 & 平行線皆可隨心繪製的條狀尺（strip定規）

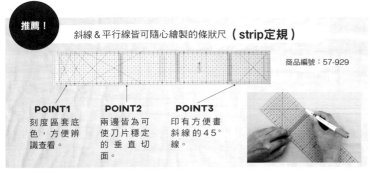

商品編號：57-929

**POINT1**
刻度區套底色，方便辨識查看。

**POINT2**
兩邊皆為可使刀片穩定的垂直切面。

**POINT3**
印有方便畫斜線的45°線。

**2**
以珠針固定布料周圍，中心起的上半部以消失筆取7mm間距畫滿45°斜線。

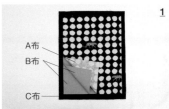

**1**
A布
B布
C布
依C布1片・B布2片・A布1片的順序重疊。

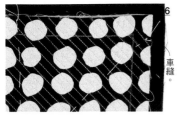

**6**
車縫。
從上半部起，依序沿線進行車縫。

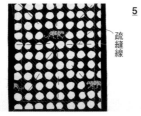

**5**
疏縫線
從中心出線，呈放射線狀進行疏縫，以避免四片布料移動。

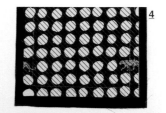

**4**
其餘的下半部也以相同方式以7mm間距畫出45°斜線。

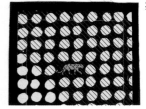

**3**
中心起的上半部，完成間隔7mm的45°斜線。

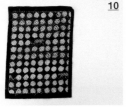

**10**
切割拼布完成！

**9**
布料乾燥之後，以鬃刷輕刷布料使其起毛。

**8**
在所有車線之間切出切口之後，將布料放入洗衣袋中，以洗衣機洗滌20至30分鐘 & 晾乾。

**7**
將導針插入最下層C布上方。
於車線 & 車線之間插入斜線切割刀的導針，以按壓刀片的方式，將上方三片布料切出切口。

---

**迅速！工整！ 斜線切割刀**

商品編號：57-505
※附直線用 & 曲線用兩種導針。
※縫線間隔適用於6mm以上。

洽詢
Clover株式會社
大阪府大阪市東成区中道3-15-5
https://clover.co.jp/

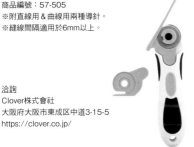

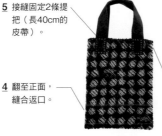

5 接縫固定2條提把（長40cm的皮帶）。

4 翻至正面，縫合返口。

1 以24cm×30cm裁剪表前本體（表布・1片）、表後本體（配布・1片）、裡本體（裡布・2片），並於表後本體的背面側燙貼接著襯。

2 將表前本體 & 表後本體、2片裡本體，分別正面相向對齊，並在脇邊 & 底部取1cm縫份車縫，裡本體另須在脇邊預留9cm返口不車縫，完成後燙開縫份。

3 將表本體翻至正面，放入裡本體之中，對齊袋口取1cm縫份車縫。

# 托特包的
# 作法

**材料**
・表布（已進行過切割拼布的布料）
・配布（棉布）30cm×35cm
・裡布（棉布）60cm×35cm
・接著襯（中薄）30cm×35cm
・皮帶　寬3.5cm 80cm

---

# 率性又可愛 × 極簡不失敗！
# 垂墜流蘇の 39 個手作應用 DIY

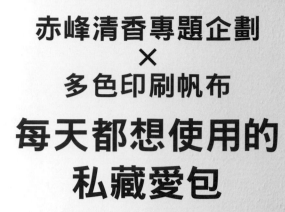

# 每天都想使用的
# 私藏愛包

布包作家・赤峰清香老師的人氣連載也進入第4年了，本期要挑戰至今一直未曾介紹的「後背包」。

糖果袖上衣・褲裙／
avecmoi（FELISSMO）

攝影＝回里純子　造型＝西森 萌　妝髮＝タニ ジュンコ　模特兒＝千歩

profile

赤峰清香

文化女子大學服裝學科畢業。布包與小物的體驗講座，由於好懂且能作出好用的優質作品，相當受到歡迎。近期新作中文版《簡單就是態度！百搭實用的每日提袋＆收納包》由雅書堂發行。

http://www.akamine-sayaka.com/

## 想背著適合成人的
## 城市後背包出門！

「在體驗講座等場合和讀者們見面時，常聽到『很難找到喜歡的後背包』的聲音。雖然市面上也常見戶外用款式的後背包，但多半太過小孩子氣，如果有一款大人能背著逛街的後背包，我自己絕對會想要，而且也想試著作作看。」赤峰老師說。因此而著手進行設計、試作，最終完成的就是這款方形後背包。「可騰出雙手雖然是後背包的優點，但為了有時能像托特包一般手提，提把特地作成了兩用式的設計。」在後側＆內裡加上口袋，方便收納零散小物，也是講究的細節之一。今年秋天，不妨背上後背包，輕快地來趟一日之旅吧！

46

拉開拉鍊，發現內口袋！零散小物也能整齊收納。

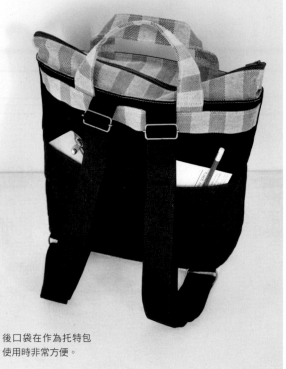

後口袋在作為托特包使用時非常方便。

一口氣將肩背帶縮至最短，即可如托特包般俐落手提。

## No. 65

ITEM｜方形後背包
作法｜P.102

洗練的方形剪裁，可搭配任何風格。提把＆袋底使用的橫條紋織布為簡潔的袋型點綴了亮點。也是剛好可放入Cotton Friend，A4大小OK的好用尺寸喔！

表布＝橫條紋織布〜富士金梅®（深綠色）
配布A＝10號石蠟帆布（＃1050-15・黑色）
配布B＝11號帆布〜富士金梅®（＃5000-4・黑色）
裡布＝厚織棉布79號（＃3300-9・銀灰色）
／富士金梅®（川島商事株式會社）
D型環＝D型環 40mm（SUN10-106・古典金色）
日型環＝日型環 40mm（SUN13-176・古典金色）／清原（株）

# 29 款清新風格 × 簡約線條的
# 實搭手作包生活提案

**內附紙型**

★超豐富詳細作包技巧圖解

● 工具使用　● 打孔技巧　● 磁釦安裝
● 提把作法　● 肩背帶製作　● 拉鍊縫法

**赤峰清香のHAPPY BAGS**
簡單就是態度！百搭實用的每日提袋＆收納包
赤峰清香◎著
定價 450 元
平裝 96 頁／彩色＋單色／23.3×29.7cm

# 人氣布料品牌
# 創新花色登場

攝影（P.49・51・53）＝回里純子　造型＝西森萌

跟著找尋喜歡布料的人氣企劃，
從設計師觀點的側訪中，
深入發掘三個受全世界喜愛品牌的魅力吧！

## 【 RUBY STAR SOCIETY 】

由五人設計師團隊進行設計，來自美國的新創織品品牌RUBY STAR SOCIETY。這是個一旦看到其新穎的配色與圖案運用，便會讓人產生「來作點東西吧！想動手作些什麼……」這種想法的品牌。我們向RUBY STAR SOCIETY發售廠商moda Japan的西村社長訪問了其魅力所在。

——請介紹設計團隊的成員。
——分別是Melody Miller、Alexia Abegg、Rashida Coleman-Hale、Kimberly Kight、Sarah Watts共五名設計師。由誰設計哪款布料，看布邊就能馬上知道喔！其實布邊也是設計的一部分，因此若能被注意到設計師都會很開心。

——布品是在哪裡進行設計的呢？
——在美國東南部的亞特蘭大工作室。五人共享資訊的同時，也活用各自的特色進行合作。他們總是說：「比起個別創作，這樣更能夠完成優秀的作品。」

——五人的設計風格都各具特色呢！
——雖然每個人無論生活方式、喜好，以及設計手法都不一樣，但正因進行同一個系列的製作，巧妙地運用這份差異演奏出美妙的和弦，我想這就是RUBY STAR吸引人之處。接下來就稍微介紹每個人的個別魅力吧！

也請注意布料的可愛布邊唷！

### Sarah Watts

是織品設計師，同時也是人氣插畫師＆藝術家的Sarah，擅長動物圖案設計。非主流的奇妙動物們透過Sarah之手，總被描繪成讓人想要擁抱的印花。

### Melody Miller

受到1960至70年代，安迪沃荷等藝術家網版印刷手法刺激，以藝術風印花為其特色。成果完全取決於設計印花的技巧，Melody特有的時尚觀點深具魅力。

### Kimberly Kight

同時也以拼布圖案設計師＆講師身分活躍的Kimberly，有許多以懷舊織品為主題的復刻版。容易應用在拼布、小物和服飾的印花相當吸引人。

### Alexia Abegg

由於喜愛融入藝術家手工的作品＆印花，也在自己的作品當中以手繪＆木板拓印的手法進行加工。擅長活用無精細加工，略帶粗糙質感的設計。

### Rashida Coleman-Hale

同時擔任Google企劃設計師的Rashida，自懂事起就一直進行製作。大量使用色票，具有個性的用色＆洋溢著玩心的印花就是她的特色。

## RUBY STAR SOCIETY
×
### 細尾典子さん
@norico.107

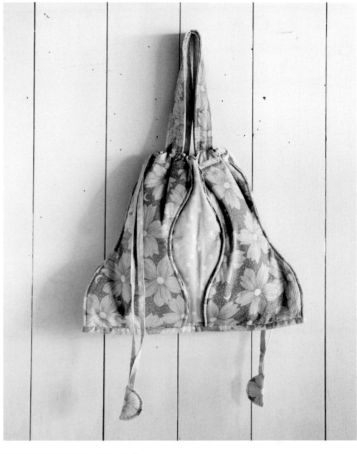

## No.
# 67
ITEM｜拉鍊長夾
作法｜P.106

內外皆有許多口袋的拉鍊長夾，使用狀
況請見右示意圖，實用度滿分！雙層拉
鍊的設計，無論零錢或卡片都能妥善收
納，且讓人放心。

表布＝平織布～RUBY STAR SOCIETY
（RS1001-13）
裡布＝平織布～RUBY STAR SOCIETY
（RS3005-18M）
配布＝平織布～RUBY STAR SOCIETY
（RS1004-13）／moda Japan

## No.
# 66
ITEM｜雙面兩用托特包
作法｜P.104

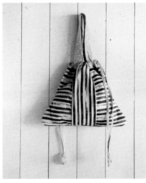

束口袋型的托特包。活用印花的色彩＆
圖案，作成可雙面使用的樣式。引人注
目的袋型極具趣味性。

表布＝平織布～RUBY STAR SOCIETY
（RS2004-14）
裡布＝平織布～RUBY STAR SOCIETY
（RS1005-28）
配布＝平織布～RUBY STAR SOCIETY
（RS4004-16）／moda Japan

## No.
# 68
ITEM｜豆豆包
作法｜P.105

可愛的豆豆形狀拉鍊包。口袋開口利用
了布邊作出亮點。當成輕便外出包一定
會經常愛用！

表布＝平織布～RUBY STAR
SOCIETY（RS0003-11M）
裡布＝平織布～RUBY STAR
SOCIETY（RS0005-28）
／moda Japan

# 【 French General 】

受到手作愛好者們死忠支持的French General，是由設計師Kaari Meng創立，已累積20多年人氣的品牌。在此特以其去年第一次造訪日本時的訪談進行介紹。

——每季都會發表漂亮作品的Kaari小姐，是如何設計布料的呢？

——至今為止，我以美國為主，走遍法國、北歐、日本……等世界各地，蒐集了許多國家的布料。近10年來，更以蒐集的布料為基礎，剪下少許布邊，以拼貼的方式集齊整理成「織品樣本」，這也成了時常激發我靈感的來源。

——百看不厭的「織品樣本」，大約有幾張呢？

——我沒有實際數過，但應該不會只有幾十片吧！我想應該有幾百片。依顏色＆圖案分類，每一片都充滿了回憶。「這塊布是在法國市場找到的」、「這是沉睡在美國鄉下小鎮舊倉庫裡的布料」……每次翻閱時都像在看相簿。研究每塊布料的特色，調查該布的緣由也是一項重要的工作。我從古布中學到許多，並深受影響。

——最近Kaari小姐有偏好的布料或印花嗎？

——正在注意東南亞的蠟染及日本的藍染。雖然是第一次來到日本，但我立刻就跑去古布店購買了漂亮的藍染布料，也找到了不少狀態良好的美麗布料喔！我以藍染作品為主的French General布料，或許某天就會發表了，敬請期待吧！

**Q** French General的新系列是什麼樣的圖案呢？

**A** 在moda fabrics設計布料的第10年，我完成了特別有感情的系列Chafarcani。靈感來自17世紀從奧圖曼帝國及土耳其傳至法國，以小巧紅色圖案為特色的布料。經由加上French General風格配色的全新設計，是極具自信之作。

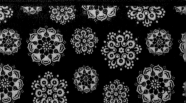

攝影（P.60）＝中島繁樹

French General
×
**くぼでらようこ**さん
@dekobokoubou

---

No. **70** ITEM｜針插
作法｜P.101

以線穿繞圓形針包,作出花朵般造型的針插。以瑪德蓮烤模為底座的作法,增加了整體的穩定性,取放縫針也能更加順手。

表布＝平織布～French General（13850-16）／moda Japan

No. **71** ITEM｜捲尺
作法｜P.109

以布料包覆市售捲尺,進行美化。由於所需的組件布片尺寸較小,建議手縫更方便。若當成禮物送給喜愛手作的朋友,對方一定會很開心的!

表布＝平織布～French General（13851-11）
配布＝平織布～French General（13857-11）／moda Japan

No. **69** ITEM｜口金針線盒
作法｜P.101

使用箱型口金的四角盒造型精緻典雅。由於可大幅度掀開蓋子,既方便取放物品,內容物也能一目瞭然。裡布也使用了French General布料,是打開時也能令人心情雀躍的針線盒。

表布＝平織布～French General（13856-12）
裡布＝平織布～French General（13860-11）
配布＝平織布～French General（13852-15）／moda Japan

# [ Tilda ]

人氣北歐印花布Tilda，是Cotton Friend作品經常愛用的布品。今年一月的東京巨蛋拼布展，終於見到了仰慕已久一直想要採訪的設計師Tone Finnanger。

——Tone小姐似乎是第一次來到日本，您對日本的印象如何呢？

——相當舒適。也逛了日本的手藝店、布料行、批發商等地方，很漂亮，對我而言頗具新鮮感。日本人相當有禮貌，有點害羞，我覺得與我們挪威人很相似。

——您通常都是在挪威島上的自家兼工作室，一邊設計一邊生活對吧？

——是的。那裡是自然資源豐沛，相當美麗的島嶼。Tilda的布料設計，有不少是將散步途中見到的鳥兒、草花及樹木果實等，日常生活中所見的物品化作圖案。

——每年進行四次的季節新品發表，沒有靈感枯竭的時候嗎？

——至今為止，靈感枯竭這種事情……還不曾發生過呢（笑），反而到了靈感過剩的程度喔！我在進行布料設計的同時，也使用Tilda製作作品，因此也會配合製作物進行布料設計。

——Tilda布料有特別推薦的使用方式嗎？

——定要用這款布料作這個……並沒有非這樣不可的布料。希望大家在看到Tilda圖案的同時能自然浮現：「真想用這個作褲子」、「就用這個布料作圍裙吧」、「這個圖案用來作小孩的衣服應該不錯」……的想法，自由享受製作的樂趣。我覺得日本人不但喜歡手藝，也一直製作出漂亮的作品。在網路等地方看到以Tilda布料製作的作品就會很開心，我自己也受到了刺激。

「有機會，一定還會要再來日本。」Tone小姐這樣表示。第一次來到日本，為自己購買的伴手禮，據說是古友禪和服。雖然她告訴我們圖案很美，要穿有點太小，但或許會漂亮地被展示在Tone小姐的工作室當中吧！

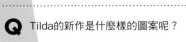

**Q** Tilda的新作是什麼樣的圖案呢？

**A** 以草花＆自然為主題，以手繪質感描繪的Plum Garden系列。將具有秋天氣息的桃子、李子、肉荳蔻、藍莓等，以沉穩的色調作延伸，特別推薦用來製作成熟優雅的布包＆收納包等小物。

以2019
新系列花色
製作！

Tilda
✕
urara.

@ @urara878787

No.
No.
74

---

## No. 73   ITEM｜水壺提袋
### 作 法｜P.110

以祖母包般的設計引人注目的束口收納
袋。由於是完全隱藏水壺的設計，因此
漂亮的整體外觀很重要喔！

表布＝平織布～Tilda
（Eleanore Lilac・100166）
裡布＝平織布～Tilda
（Josephine Emerald・
100167）／（有）Scanjap
Incorported

## No. 74   ITEM｜餐具收納盒
### 作 法｜P.109

摺疊式的餐具盒。解開綁繩就能變成立
體盒狀，這個設計很有趣吧！除了當作
餐具盒之外，收納鉤針或裁縫工具或許
也不錯。

表布＝平織布～Tilda
（Jpsephine Teal・100177）
裡布＝平織布～Tilda（Soft
Teal・120003）
配布＝平織布～Tilda
（Mildred Green・100179）
／（有）Scanjap Incorported

## No. 72   ITEM｜便當袋
### 作 法｜P.108

提在手上時、打開蓋子時……令
心情時刻雀躍的拉鍊式午餐包。
袋蓋裡側也有可放入面紙等小物
的口袋，非常方便。也能夠當成
化妝收納包使用。

表布＝平織布～Tilda（Phoebe
Ginger・100162）
裡布＝平織布～Tilda（Mildred
Blue・100173）／（有）Scanjap
Incorported

Tilda Japan
官方SNS！

f @Tildajapan
@ @tildajapanatokyo

# 享受換裝樂趣の布娃娃 Natashaの秋天信息
## ～福田とし子handmade～

攝影＝回里純子　造型＝西森 萌

出發！手藝設計師・福田とし子老師製作的時尚換裝布娃娃Natasha，帶著第一次登場的愛犬Nicola享受秋日的外出散步。

**No.**
**75**　ITEM｜Natasha娃娃主體
作 法｜P.111

**No.**
**76**　ITEM｜頭髮・服裝
&愛犬Nicole
作 法｜P.112

在晴朗秋日的清爽天空下，頭戴針織帽搭配披肩的換裝娃娃Natasha，帶著最喜歡散步的愛犬Nicola登場！絨毛提籃配上長靴，外出散步也要享受秋日的時尚樂趣喔！

*profile*

**福田とし子老師**

手藝設計師。持續在刺繡、針織以及布小物為主的手作書籍中帶來大量作品。以福田老師因個人喜愛創作而生的手縫布娃娃為主角，透過為期一年的時間，將在此介紹Natasha娃娃的時尚穿搭。

https://pintactac.exblog.jp/

BODY

DOG

PONCHO

CAP

BAG

BOOTS

SOCKS

DRESS

秋天新LOOK——
頂著鮑伯頭髮型的
Natasha，與針織帽
的搭配度也很美吧！

以市售迷你提籃快速製
作的絨毛提籃包。蓋布
建議選擇長絨毛。

手工縫製的長靴，
重點在於選擇柔軟
且薄的皮革。

愛犬Nicola的腳部
裝有鐵絲，因此
可以穩定站立。

# 參訪手作現場！
# 手作家
# 工作室見學

## 01

**くぼでらようこ老師**

自服裝設計科畢業後，任職於該校教務部。2004年起以布物作家的身分出道。經營dekobo工房。在本誌的連載已邁入第三年。

http://www.dekobo.com

有鑑於布料、素材、工具……各種手作相關的必需品總是日漸增生的問題，特別企劃了採訪手作家們收納＆製作現場的單元，請和我們一起從中學習職人們的巧思吧！

面向窗戶，擺設成ㄇ字型的工作區域。可透過窗戶欣賞四季變化。

鈕釦＆花器一同陳列於窗台邊。

## 舒適的工作室
## 就在生活動線之中

布物作家くぼでらようこ老師的工作室，位在廚房旁的小房間內。「剪布這類要攤開布料的作業，在餐桌上進行。縫製東西時，則在有縫紉機的工作室內。我總是因製作步驟，在房間來回穿梭。」由於客餐廳、廚房與工作室連接於同一條動線上，因此工作不會被中斷，據說連家事也能夠順暢地進行呢！

工作室中使用了大量的籃子＆盒子，依種類收納，就像一間小型的手藝店般。在這樣的空間裡，一邊觀看材料，一邊設計＆試作，各種手作工序自然順利地進行。布料搭配＆材料組合品味出眾的くぼでらようこ老師，她的作品就是在這樣舒適的工作室中誕生的。

攝影＝腰塚良彥

56

1・2.在大餐桌上裁布。「攤開紙型＆思考設計也都是在這裡。比起一直窩在工作室裡，更能夠充分轉換心情。」

3.依季節替換的布料盒。由於採訪時正值初夏，滿滿都是亞麻布。　／ 4.線材則大致分成拷克用、一般布料用，以籃子收納。「雖然也很嚮往漂亮的線架，但因為擁有的線材數量過多……這樣或許最方便使用了吧！」　／ 5.從母親那邊接收過來的小抽屜。印章和刺繡線、鈕釦以及墜子，還有紙膠帶等，收納零散的小物品。　／ 6.或許會用到的材料儲存盒。逛布料行時發現的漂亮印花布等物品，會先收納在這邊的紙箱中備用。　／ 7.以S鉤吊掛的作品收納展示區。「外出時也能夠迅速拿取，非常方便。」　／ 8.將至今所製作過的作品紙型＆作法材料表，以活頁夾分類整理。數量多達28本，是くぼてらようこ老師重要的檔案收藏。

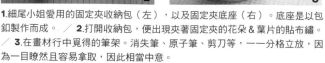

1.細尾小姐愛用的固定夾收納包（左），以及固定夾底座（右）。底座是以包釦製作而成。 ／ 2.打開收納包，便出現夾著固定夾的花朵＆葉片的貼布繡。 ／ 3.在畫材行中覓得的筆架。消失筆、原子筆、剪刀等，一一分格立放，因為一目瞭然且容易拿取，因此相當中意。

# 可以一整天窩在這裡！
## 被材料包圍的製作空間

細尾老師長年經營融合了拼布手法的布小物教室，而與Cotton Friend編輯部的相識始於Instagram。因看見她上傳了許多時尚且充滿藝術性的作品，覺得無論如何都想要看看本尊！因而進行聯繫，這便是契機。

今次，就讓我們一探細尾老師自家工作室＆參觀作品吧！工具、布料、配件、過去的存檔作品，經過仔細分類整理的工作室，看起來非常方便進行製作。「布料與材料很怕一旦錯過就再也買不到，因此持續購買的同時，就不斷地累積⋯⋯也正因如此，我會依顏色、材質和圖案進行分類，不僅方便之後使用，也能減少材料被遺忘的事情發生。」細尾老師也表示，「除了吃飯睡覺，我一直都在這裡製作作品。」在這個工作室裡，即便是採訪的這一天，或許也會誕生出新的作品吧！

## 02
**細尾典子老師**

現居於神奈川縣。以原創設計享受日常小物製作樂趣的布小物作家。長年於東戶塚經營拼布、布小物教室，也有許多因應學生需求，設計尺寸＆款式的小物作品。自本期起將於Cotton Friend開始連載（P.42），更多令人莞爾一笑＆方便實用的季節小物連載也將陸續登場喔！

@norico.107

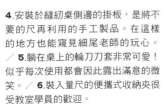

**4**.安裝於縫紉桌側邊的掛板,是將不要的尺再利用的手工製品。在這樣的地方也能窺見細尾老師的玩心。／**5**.躺在桌上的輪刀刀套非常可愛!似乎每次使用都會因此露出滿意的微笑。／**6**.裝入量尺的便攜式收納夾很受教室學員的歡迎。

**7**至**9**.蒐藏的布料以衣物收納箱進行管理。由於是依顏色、品牌、材質和圖案進行分類,無論是拿取或收納都很輕鬆。

**10**.這邊的層架則是收納拉鍊、配件與紙型等。紙型因為使用資料夾整理,因此當學生提出「想作那個作品!」的要求時也能迅速應對。／**11**・**12**.抽屜之中,是以夾鏈袋分門別類整理的素材。「像這樣事先分類整理好,不但一眼就能找到材料,是否還有庫存也能一目瞭然。」

1.大內老師慣用的裁縫用具。由於經常製作以滾邊裝飾的作品,因此滾邊器是必備品。/ 2.據說若在材料行看見喜歡的裝飾帶,就會忍不住購買。 / 3.軟裝飾的人氣物件——英國米字旗的抱枕聽說很受學員歡迎呢! / 4.手工製矮凳,無論坐或放置閱讀到一半的雜誌都很方便,也能成為室內的點綴。 / 5.緞帶和裝飾帶統一收納於玻璃罐中。

## 製作與生活共存的優雅空間

在自家沙龍教授soft furnishing(軟裝飾)的大內老師說:「由於原本從事餐桌擺設工作,因此被軟裝飾的世界所吸引。」軟裝飾最重要的便是作工與車縫。使用英國傳統作法的原因在於不僅可將布料特性發揮到極致,也能讓居家布置更添質感。無論選擇再好的布料,因為作工而產生讓人扼腕的結果就太可惜了!

以手工製作的窗簾為主,大內老師以優異的品味在自家沙龍中擺設布置的作品也是學員們的參考樣本。藉由置身於美好空間的感染,從而燃起創作的欲望……這或許就是大內老師對soft furnishing提出的創造精神吧!

**大內広子老師**

現居茨城縣。開設自家沙龍,經營soft furnishing教室。從活用餐桌搭配經驗進行教授,也進行食、衣、生活相關用品的提案。並非只是單純製作,針對如何活用在生活當中所進行設計的核心精神,吸引了許多追隨者,也有許多長年持續上課的學員。

@165style

◇◇◇◇◇◇◇◇◇◇ **小知識** ◇◇◇◇◇◇◇◇◇◇

soft furnishing(軟裝飾)……是指以窗簾為首,抱枕、椅子、沙發套等物品,從選布、作品製作,到空間本身的規劃,配合居住者的生活模式進行設計。

**6**.各種形狀的抱枕似乎都是大內老師親手縫製的。「依季節進行變化,也是soft furnishing的精髓。」 ／**7**.與手工製燈罩共同點綴層架的是乾燥植物、裝飾邊框,以及精選布料。 ／**8**.總是放置著縫紉機的餐桌,到了下午三點就會化身為美好的午茶桌。 ／**9**.客廳的邊櫃裡收納著布料&各種素材,並以當季草花裝飾,打造成療癒的空間。

# 拼布迷必備の【入門 / 進階】經典學習指南
## 各大拼布教室老師愛用教學參考使用雜誌
### 日本拼布職人不藏私細解拼布基礎&進階技巧

《Patchwork 拼布教室》是一本專門介紹拼布教學的專業雜誌,從基礎的拼布基礎課程、傳統圖形拼接方法、基礎縫紉知識、基礎刺繡作法、拼布圖案設計、簡易布作小物等,皆以詳細又精準的圖文解說,內附原寸紙型,搭配作法,可立即上手完成個人喜愛的拼布作品,本書是新手必備的拼布指南,也是進階者們的設計靈感聖典,對於想讓拼布功力更上一層樓的手作人而言,本書絕對是值得您每一期都用心收藏的經典參考工具書。

日本ブティック社
獨家授權
繁體中文版

Patchwork拼布教室15
湛藍色拼布假期:
愜意自在風盛夏手作特集
BOUTIQUE-SHA◎授權
平裝／112頁／23.3×29.7cm
彩色+單色／定價380元

# 花現囍事

**2019 友好拼布手作節**

Taiwan Friendly Quilt & Craft Festival

## 早鳥 ▲ 優惠中

**活 動 門 票**

【早鳥搶票期間】：2019 / 09 / 15 - 10 / 15

友好拼布手作節須持【活動門票】入場

進場馬上送您一本【拼布學習地圖】喔！

◀ **拼 布 學 習 地 圖** 內含四大好康：

### 好康 1

**入場禮** 領取券

### 好康 2

**$50抵用券 x 5 張**

可在場內攤位消費抵用喔!

（依商家規定辦理）

### 好康 3

**摸彩券一張**

贊助商提供好獎無數，
就等您進場來抽獎啦！

### 好康 4

**全省超過50家** 50up

拼布教室或廠商，所提供的優惠

---

▲ **早鳥票>> 熱烈搶購中**

**全省購票點查詢** 越🐦買越超值喔！

・全省購票點查詢　https://tfqcfestival.weebly.com/donate.html

▲ **台灣國際拼布友好會**

**活動資訊請上官網查詢**

・2019友好拼布手作節活動官網　https://tfqcfestival.weebly.com/
・台灣國際拼布友好會粉絲頁　https://www.facebook.com/Taiwanquilters/

---

**活 動 時 間** 課程》12月10日～12月15日　展覽》12月13日～12月15日　　**展 出 地 點** 台北市松山文創園區二號倉庫

---

| 主辦單位 | 台灣國際拼布友好會　　| 協辦單位 | 日本手藝普及協會・台灣喜佳股份有限公司

| 贊助單位 | 隆德貿易有限公司、松芝有限公司、佳織縫紉有限公司、雅書堂文化事業有限公司、台灣勝家縫紉機器股份有限公司、百睿文創設計

家合國際行銷股份有限公司、信義町針車有限公司、洋玉國際有限公司、全美日購、台灣羽織創意美學有限公司

# Lovely&Happy！

# 就是可愛的38款幸福感
# 手作包・波奇包・壁飾・布花圈・
# 胸花手作典藏

以30年代復刻版布引領手作風潮的日本名師——松山敦子，秉持甜美可愛的設計風格，打造38款活潑繽紛的全新作品，將傳統的拼布圖形，搭配彩度較高的復刻布，完成吸睛度高的拼接圖案，一掃拼布老氣暗沉的刻板印象，讓拼布也能成為少女風格的代名詞！復刻版布的魅力在於具有明亮的彩度，以不同圖案的搭配，即可作出專屬個人魅力的經典作品，只是簡單的拼接，就能夠完成讓人眼睛為之一亮的甜美系拼布喲！

---

本書超人氣收錄兼具實用功能及裝飾性的手作包、
波奇包、壁飾、布花圈、胸花等，以圖解説明作法，
並收錄基礎拼布、繡法、貼布縫等基本技巧教學，
內附一大張原寸紙型＆圖案，
適合具有拼布基礎的初學者及喜歡復刻布風格拼布設計的進階者，
以明亮色彩的調和就能為平凡的創作日常，
帶來更多有趣的新鮮感，亦能增添生活的多元面貌，
「可愛與快樂」是松山敦子老師堅持創作了30年的幸福原點，
希望能以這樣的出發點，感染每一位喜愛拼布創作的您，
喜歡松山敦子老師的風格的您，
也一定要試著製作看看喲！

**Happy & Lovely!松山敦子の甜蜜復刻拼布**
松山敦子◎著
平裝／88頁／21×26cm
彩色／定價450元

# 製作方法
# COTTON FRIEND 用法指南

## 作品頁

一旦決定要製作的作品，請先確認作品
編號與作法頁。

------- 頁數

------- 作品編號

## 原寸紙型

原寸紙型共有A‧B面

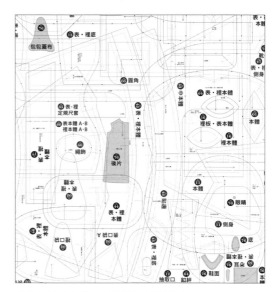

依作品編號與線條種類尋找所需紙型。
紙型 已含縫份 。
請以牛皮紙或描圖紙複寫粗線後使用。

## 作法頁

翻至作品對應的作法頁，依指示製作。

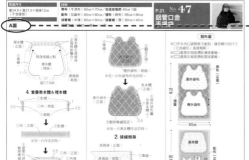

標示該作品的原寸紙型在A面。

### 裁布圖

※ 標示的尺寸已含縫份。
※ □處需於背面燙貼接著襯。
※ □處需於背面燙貼單膠鋪棉鋪。

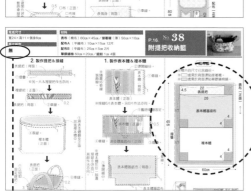

若標示「無」，意指沒有原寸紙型，
請依標示尺寸進行作業。

無原寸紙型時，請依「裁布圖」
製作紙型或直接裁布。
標示的數字 已含縫份。

---

極厚

接著襯 アウルスママ
（AM-W5）／Ⓥ
厚如紙板，但彈性佳，
可保持形狀堅挺。

厚

接著襯 アウルスママ
（AM-W4）／Ⓥ
兼具硬度與厚度的扎實觸感。
有彈性，可保持形狀堅薄。

中薄

接著襯 アウルスママ
（AM-W3）／Ⓥ
富張力與韌性，兼具柔軟度，
可作出漂亮的皺褶與褶。

薄

接著襯 アウルスママ
（AM-W2）／Ⓥ
薄，略帶張力的自然觸感。

### 本書使用的 接著襯

Ⓥ=日本Vilene（株）
Ⓢ=鎌倉Swany（株）

---

雙膠紙襯

紙襯 アウルスママ
（AM-MF30）／Ⓥ
離型紙上有蛛網狀的膠。
可以熨斗黏貼布與布，
或布與紙等。

雙膠鋪棉（雙面）

アウルスママ
（MRM-1P）／Ⓥ
雙面有膠，以兩片布包夾
＆熨燙即可貼合。

單膠鋪棉

Soft アウリスママ
（MK-DS-1P）／Ⓥ
單面有膠，可以熨斗燙貼，
成品觸感鬆軟且帶有厚度。

包包用接著襯

Swany Medium／Ⓢ
偏硬有彈性，可讓作品擁
有張力與保持形狀。

Swany Soft／Ⓢ
從薄布到厚布均適用，可使
作品展現柔軟質感。

## 完成尺寸
寬約8×長約8×高約3cm

## 原寸紙型
A面

## 材料
表布A（平織布）20cm×15cm
表布B（平織布）20cm×15cm
配布（平織布）10cm×5cm
包釦組 1.6cm 2組／填充棉 適量

# 六角形摺花針插

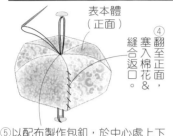

④翻至正面，塞入棉花＆縫合返口。

⑤以配布製作包釦，於中心處上下來回穿縫固定包釦（取2股線）。

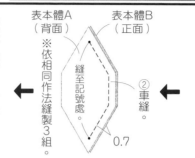

表本體B（背面）
表本體A（背面）
表本體B（背面）
表本體A（背面）
表本體B（背面）
表本體A（背面）

③依步驟②相同作法縫合3組布片＆燙開縫份。

於一處預留返口3cm。

表本體A（背面）
表本體B（正面）

③依相同作法縫製3組。
※縫至記號處

②車縫
0.7

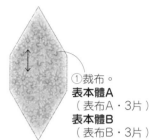

①裁布。
表本體A（表布A・3片）
表本體B（表布B・3片）

---

## 完成尺寸
寬約10×長約17.5cm

## 原寸紙型
A面

## 材料
表布A（平織布）35cm×20cm
表布B（平織布）20cm×20cm
配布（平織布）30cm×30cm／雙膠鋪棉 25cm×20cm
緞帶 寬0.3cm 40cm／水兵帶 寬0.4cm 10cm
填充棉 適量／保特瓶蓋 1個／吊飾 1個

# 剪刀套

### 2. 製作針插

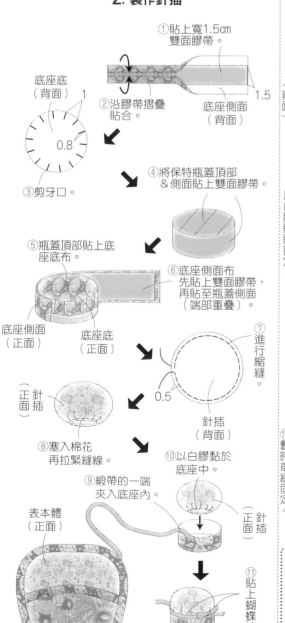

①貼上寬1.5cm雙面膠帶。

②沿膠帶摺疊貼合。

底座底（背面）1
0.8
③剪牙口。

④將保特瓶蓋頂部＆側面貼上雙面膠帶。

⑤瓶蓋頂部貼上底座底布。

⑥底座側面布先貼上雙面膠帶，再貼至瓶蓋側面（端部重疊）。

底座側面（正面）
底座底（正面）

⑦進行縮縫。
0.5
針插（背面）

正針插（正面）

⑧塞入棉花再拉緊縫線。

⑨緞帶的一端夾入底座內。

表本體（正面）

⑩以白膠黏於底座中。

正針插（正面）

⑪貼上蝴蝶結。

### 1. 製作本體

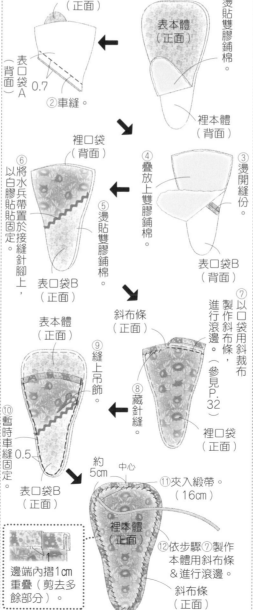

表口袋B（正面）
表口袋A（背面）0.7
②車縫。

表本體（正面）
裡本體（背面）

裡口袋（背面）

⑥以將白水兵帶貼貼固定於接縫針腳上，

表口袋B（正面）

④疊放上雙膠鋪棉。
③燙開縫份。
⑤燙貼雙膠鋪棉。

表口袋B（背面）

斜布條（正面）

⑦以口袋用斜裁布製作斜布條，進行滾邊。（參見P.32）

⑧藏針縫。

裡口袋（正面）

表本體（正面）

⑨縫上吊飾。

⑩暫時車縫固定0.5

約5cm
中心
⑪夾入緞帶。（16cm）

裡本體（正面）

⑫依步驟⑦製作本體用斜布條＆進行滾邊。

斜布條（正面）

表口袋B（正面）

邊端內摺1cm重疊（剪去多餘部分）。

### 裁布圖

※針插、斜裁布、底座底、底座側面無原寸紙型，請依標示的尺寸（已含縫份）直接裁剪。

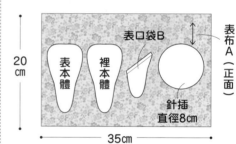

20cm
表本體
裡本體
表口袋B
針插 直徑8cm
表布A（正面）
35cm

20cm
裡口袋
表口袋A
表布B（正面）
20cm

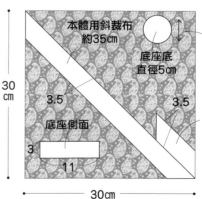

本體用斜裁布約35cm
配布（正面）
底座底 直徑5cm
30cm
3.5  3.5
底座側面
3  11
口袋用斜裁布約7cm
30cm

| 完成尺寸 | 材料 |
|---|---|
| 寬20×高14×側身10cm | 表布A・B（平織布）各60cm×30cm |
| **原寸紙型** | 配布（平織布）70cm×25cm |
| 無 | 裡布（棉布）95cm×45cm／接著襯（中薄）70cm×30cm |
| | 接著襯（薄）90cm×50cm |

# 裁縫工具包

## 2. 製作裡本體

① 對摺。
內口袋（背面）1　② 車縫。

摺雙側
內口袋（正面）　③ 翻至正面。　0.3　④ 車縫。

0.2　1　⑤ 摺疊。
表提把（正面）　0.2　⑥ 車縫。　裡提把（背面）1

⑦ 暫時車縫固定。
4.5　中心　4.5
0.5
表提把（正面）　裡本體（正面）
摺雙側
內口袋（正面）　10　10　⑧ 車縫。
0.2　1.2

※另一片也依步驟①至⑧製作。

裡本體（正面）
裡本體（背面）
⑨ 車縫。
⑩ 燙開縫份。
返口12cm
1

裡本體（背面）
⑪ 摺疊&車縫側身。
※作法亦同（另一側）
1

## 3. 套疊表・裡本體

① 將裡本體放進表本體中，翻至正面。
裡本體（背面）1
② 車縫。
表本體（背面）

④ 車縫。0.2
表本體（正面）
裡本體（正面）
③ 翻至正面，縫合返口。

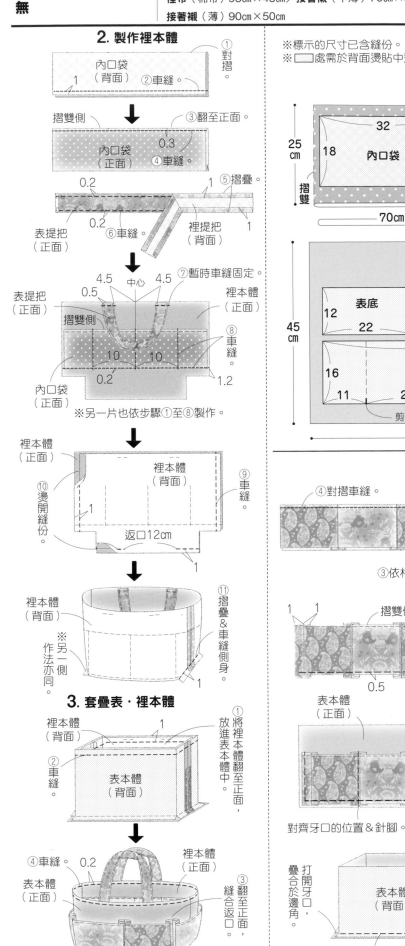

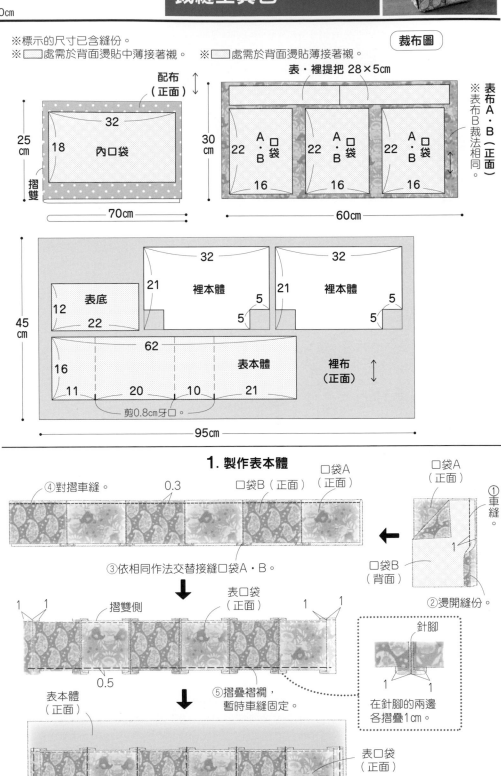

### 裁布圖

※標示的尺寸已含縫份。
※ ▨ 處需於背面燙貼中薄接著襯。
※ ▨ 處需於背面燙貼薄接著襯。

配布（正面）
25cm
摺雙
32
18　內口袋
70cm

表・裡提把 28×5cm
30cm
※表布A・B（正面）
22　A・B袋　22　A・B袋　22　A・B袋
16　16　16
60cm
※表布B裁法相同。

45cm
12　表底　21　裡本體　5　21　裡本體　5
22　32　5　32　5
62
16　表本體　裡布（正面）
11　20　10　21
剪0.8cm牙口。
95cm

## 1. 製作表本體

④ 對摺車縫。　0.3　口袋B（正面）　口袋A（正面）
口袋A（正面）
① 車縫。1
口袋B（背面）
② 燙開縫份。
③ 依相同作法交替接縫口袋A・B。

1　1　摺雙側　表口袋（正面）　1　1
0.5

針腳
1　1
在針腳的兩邊各摺疊1cm。

⑤ 摺疊褶襉，暫時車縫固定。
表本體（正面）
表口袋（正面）
對齊牙口的位置&針腳。　0.5　⑦ 沿接縫線車縫固定。
⑥ 疊至表本體上，暫時車縫固定。

⑩ 燙開縫份。
⑨ 車縫。
表本體（背面）1
⑧ 對摺。

打開牙口，疊合於邊角。
表本體（背面）
⑪ 車縫。1　表底（正面）

| 完成尺寸 | 材料 | |
|---|---|---|
| 寬10×高13×側身8cm | 表布（平織布）50cm×30cm | |
| | 裡布（棉布）50cm×30cm | |
| **原寸紙型** | 接著襯（薄）25cm×10cm | |
| 無 | 接著襯（厚）50cm×25cm／鈕釦 1.5cm 1個 | |

**P.06_ № 04**

# 吊掛式 工具收納袋

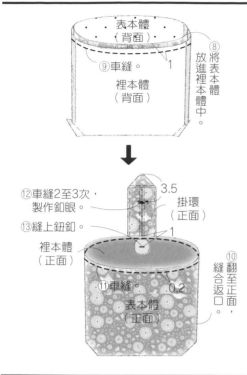

⑧將表本體放進裡本體中。
⑨車縫。
表本體（背面）
1
裡本體（背面）

⑫車縫2至3次，製作釦眼。
⑬縫上鈕釦。
3.5
掛環（正面）
裡本體（正面）
1
⑪車縫。
0.2
表本體（正面）
⑩翻至正面，縫合返口。

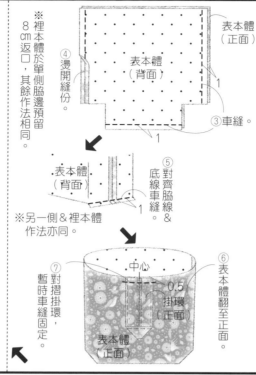

※裡本體於單側脇邊預留8cm返口，其餘作法相同。
④燙開縫份。
表本體（背面）
③車縫
1
表本體（背面）
⑤對齊脇線車縫底線。
1
※另一側＆裡本體作法亦同。

⑦對摺掛環，暫時車縫固定。
中心
0.5
掛環（正面）
⑥表本體翻至正面。
表本體（正面）

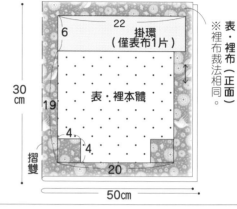

**裁布圖**
※標示的尺寸已含縫份。
※□處需於背面燙貼薄接著襯。
※┈處需於背面燙貼厚接著襯（僅表本體）。

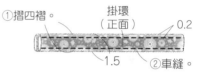

表本體（背面）
6　22　掛環（僅表布1片）
30cm
19
4
4
摺雙
20
表·裡本體
50cm
※表·裡布裁法相同。

①摺四褶。
掛環（正面）
0.2
1.5
②車縫。

---

| 完成尺寸 | 材料 | |
|---|---|---|
| 寬50×高40cm（攤開時） | 表布（平織布）80cm×45cm | |
| | 熨燙墊布 40cm×50cm 1片 | |
| **原寸紙型** | 滾邊用斜布條 寬11mm 190cm | |
| 無 | 魔鬼氈 4cm×6cm | |

**P.07_ № 06**

# 熨燙墊收納袋

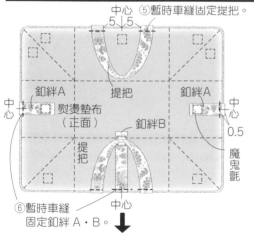

中心
⑤暫時車縫固定提把。
5　5
釦絆A
提把
釦絆A
中心
中心
釦絆A
熨燙墊布（正面）
釦絆B
魔鬼氈
0.5
提把
⑥暫時車縫固定釦絆A·B。

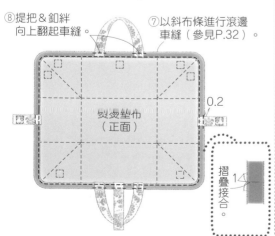

⑧提把＆釦絆向上翻起車縫。
⑦以斜布條進行滾邊車縫（參見P.32）。
0.2
熨燙墊布（正面）
摺疊接合。
1

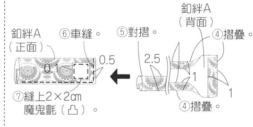

釦絆A（背面）
④摺疊
⑤對摺
釦絆A（正面）
⑥車縫。
0.5
2.5
1
④摺疊
0.1
⑦縫上2×2cm魔鬼氈（凸）。

※另一片釦絆A＆釦絆B作法亦同。

## 2. 組裝本體

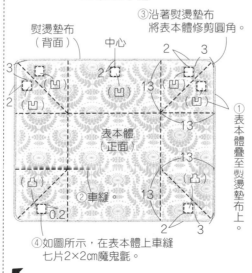

熨燙墊布（背面）
中心
③沿著熨燙墊布將表本體修剪圓角。
2　3
3
2
（凸）
（凸）
13
2
13
（凸）
（凸）
13
表本體（正面）
13
①表本體疊至熨燙墊布上。
②車縫。
0.2
2　3
④如圖所示，在表本體上車縫七片2×2cm魔鬼氈。

**裁布圖**
※標示的尺寸已含縫份。

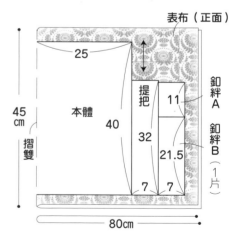

表布（正面）
25
提把　11
釦絆A
45cm
本體　40
32
釦絆B（1片）
21.5
摺雙
7　7
80cm

## 1. 製作提把＆釦絆A·B

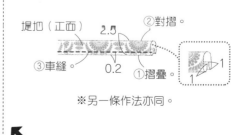

提把（正面）　2.5
②對摺。
③車縫。
0.2
①摺疊。
1
1

※另一條作法亦同。

69

## 桌邊收納口袋

**完成尺寸**
寬49.5×高49cm

**原寸紙型**
A面

**材料**
表布A（平織布）110cm×65cm
表布B（平織布）55cm×35cm
配布（平織布）50cm×50cm
接著襯（薄）50cm×20cm／單膠鋪棉 55cm×65cm

### 2. 製作本體

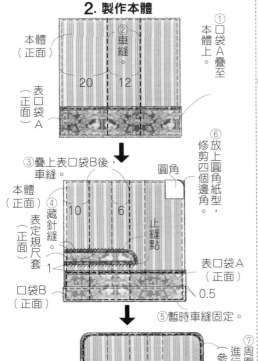

① 口袋A疊至本體上。
② 車縫。
本體（正面）
20　12
表口袋A（正面）

③ 疊上表口袋B後，車縫。
本體（正面）
④ 藏針縫
表定規尺套（正面）
10　6
圓角
上縫點
表口袋A（正面）
1
口袋B（正面）
0.5
⑤ 暫時車縫固定。
⑥ 放上圓角紙型，修剪四個邊角。

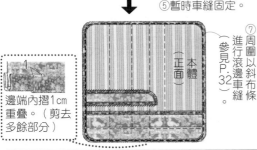

⑦ 周圍以斜布條進行滾邊車縫（參見P.32）。
本體（正面）

1
邊端內摺1cm重疊。（剪去多餘部分）

### 1. 製作部件

本體（背面）
0.5
本體（正面）
① 以斜裁用斜布條製作滾邊（參見P.32）。
② 暫時車縫固定。

裡口袋A（背面）
0.5
表口袋A（正面）
③ 暫時車縫固定。

裡定規尺套（背面）
④ 暫時車縫固定。
表定規尺套（正面）
0.5

表口袋A（正面）
0.2
⑤ 以斜裁用斜布條製作滾邊（參見P.32）。

表定規尺套（正面）
0.2

⑥ 對摺。
口袋B（正面）
0.2　⑦車縫
0.5
⑧ 暫時車縫固定。

### 裁布圖

※除了表・裡定規尺套＆圓角之外皆無原寸紙型，請依標示的尺寸（已含縫份）直接裁剪。
※ 處需於背面燙貼接著襯。
※ 處需於背面燙貼鋪棉。

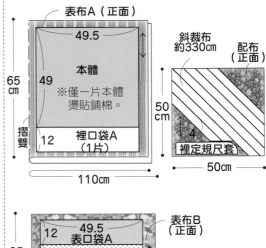

表布A（正面）
49.5
65cm
49
本體
※僅一片本體燙貼鋪棉。
摺雙
12　裡口袋A（1片）
110cm

斜裁布約330cm
配布（正面）
50cm
裡定規尺套
4
50cm

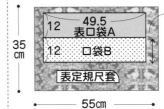

表布B（正面）
12　49.5　表口袋A
35cm
12　口袋B
表定規尺套
55cm

---

## 南瓜針插

**完成尺寸**
直徑約13cm

**原寸紙型**
A面

**材料**
表布A（平織布）70cm×10cm
表布B（平織布）70cm×10cm
表布C（棉布）10cm×10cm
填充棉 適量　鈕釦 1.8cm 1個

⑤ 翻至正面。
⑥ 塞入棉花。
⑦ 進行縮口縮縫
本體B（正面）
本體A（正面）

### 3. 縫上蒂頭＆鈕釦

① 蒂頭放入縮小的開口，止縫固定。
蒂頭（正面）
本體A（正面）
本體A（正面）
② 在底部正中心縫上鈕釦。

### 2. 製作本體

② 翻至正面。
本體A（背面）
0.7
① 本體A正面相對疊合車縫。
本體A（背面）
本體A（正面）
本體A（正面）
※本體A・B各製作4組。

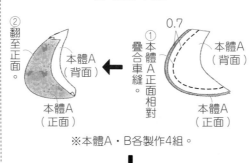

本體B（正面）
0.7
③ 本體A＆本體B交替疊合車縫。
本體A（正面）
④ 將兩側外翻，對齊邊緣＆車縫固定。

### 裁布圖

本體A・B　表布A・B（正面）
※表布B裁法相同。
摺雙
10cm
70cm

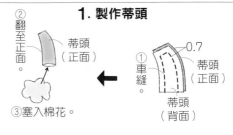

摺雙
10cm
蒂頭
表布C（正面）
10cm

### 1. 製作蒂頭

② 翻至正面。
蒂頭（正面）
① 車縫
0.7
蒂頭（正面）
③ 塞入棉花。
蒂頭（背面）

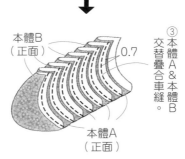

完成尺寸
工具袋···寬25×高28cm
針插···寬6×高8cm

原寸紙型
A面

材料
表布（平織布）110cm×55cm／拼布用布 適量
配布A（平織布）30cm×30cm／按鈕 1.4cm 1個
配布B（平織布）55cm×25cm／填充棉 適量
配布C（平織布）30cm×30cm／布標織帶 寬1.5cm 35cm
單膠鋪棉 30cm×25cm／接着襯（薄）90cm×75cm

P.07_ №08
腰間裁縫工具袋

### 3. 接縫腰帶

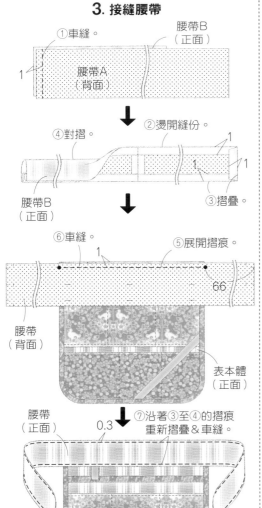

①車縫。
腰帶B（正面）
腰帶A（背面）
1

④對摺。
②燙開縫份。
1
1
1
腰帶B（正面）
③摺疊。

⑥車縫。
1
⑤展開摺痕。
66
腰帶（背面）
表本體（正面）

腰帶（正面）
0.3
⑦沿著③至④的摺痕重新摺疊＆車縫。

### 4. 製作針插

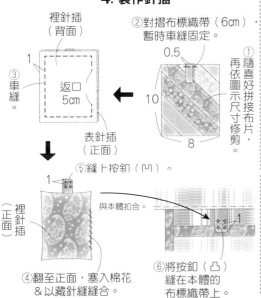

裡針插（背面）
1
③車縫。
②對摺布標織帶（6cm）暫時車縫固定。
0.5
10
8
①隨喜好將拼接布片，再依圖示尺寸修剪。
表針插（正面）
返口 5cm

⑤縫上按鈕（凹）。
1
（正面）裡針插
與本體扣合。
1

④翻至正面，塞入棉花＆以藏針縫縫合。
⑥將按鈕（凸）縫在本體的布標織帶上。

④對摺。
口袋B（背面）
⑤車縫。
1

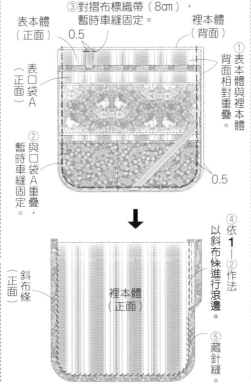

0.3
口袋B（正面）
⑥翻至正面車縫。

0.3
⑦對摺車縫。
口袋C（正面）

表口袋A（正面）
⑧車縫。
8.5    0.2    8.5
11    7
0.5
口袋B（正面）
口袋C（正面）
布標織帶
⑨暫時車縫固定。

### 2. 製作本體

③對摺布標織帶（8cm），暫時車縫固定。
表本體（正面）
0.5
裡本體（背面）
①表本體與裡本體背面相對重疊。
表口袋A（正面）
②與口袋A重疊，暫時車縫固定。
0.5

④依1—①②作法以斜布條進行滾邊。
斜布條（正面）
裡本體（正面）
⑤藏針縫。

### 裁布圖

※腰帶A·B、口袋B、斜裁布、裡針插
無原寸紙型，請依標示的尺寸直接裁剪。
※▨處需於背面燙貼接著襯。
※□處需於背面燙貼鋪棉。

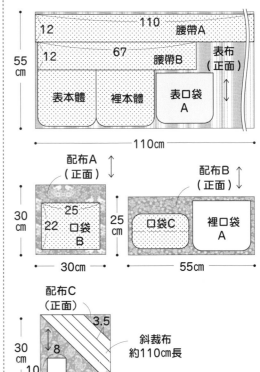

12    110    腰帶A
55cm    12    67    腰帶B    表布（正面）
表本體    裡本體    表口袋A
110cm

配布A（正面）
30cm
25    22    口袋B
30cm

配布B（正面）
25cm
口袋C    裡口袋A
55cm

配布C（正面）
3.5
30cm    8    斜裁布 約110cm長
10    裡針插
30cm

### 1. 製作口袋

①與裡口袋A重疊，暫時車縫固定。
0.5
表口袋A（正面）
裡口袋A（背面）

②以配布製作滾邊用斜布條（參見P.32）。
斜布條（正面）
③藏針縫。
（正面）裡口袋A
表口袋A（正面）

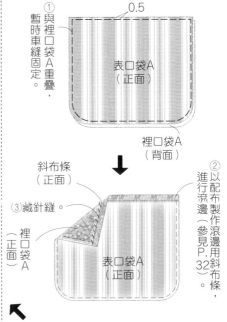

# 捲筒衛生紙收納袋

| 完成尺寸 | 材料 |
|---|---|
| 寬10×高21×側身10cm | 表布（亞麻布）50cm×30cm |
| **原寸紙型** | 配布（棉質細布）50cm×40cm |
| 無 | 圓繩 粗0.3cm 100cm |

## 1. 裁布
※標示的尺寸已含縫份。

口布（配布·2片）15 / 22 / 22
表本體（表布·1片）22 / 42
裡本體（配布·1片）18 / 42

## 2. 製作口布

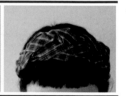

0.2　1　③車縫　口布（背面）　②摺疊
①Z字形車縫。
④依1cm→3cm寬度三摺邊。
⑤車縫
3　1　0.2 1.5　口布（背面）
※另一片作法亦同。

## 3. 製作本體

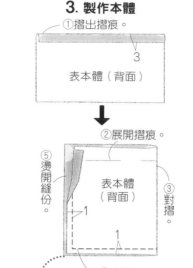
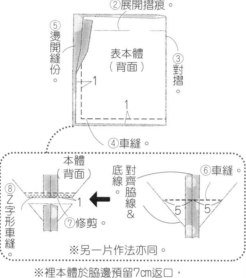

①摺出摺痕。　3　表本體（背面）
②展開摺痕。
⑤燙開縫份。　表本體（背面）　③對摺。　1
④車縫。
本體背面　底線　對齊脇線&　⑥車縫。
⑧Z字形車縫　1　5　5　⑦修剪。
※另一片作法亦同。
※裡本體於脇邊預留7cm返口，依步驟③至⑧製作。

## 4. 套疊本體

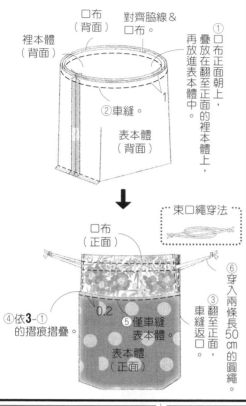

口布（背面）　對齊脇線&口布
裡本體（背面）
①口布正面朝上，疊放在翻至正面的裡本體上，再放進表本體中。
②車縫。
表本體（背面）

束口繩穿法

口布（正面）
④依3-①的摺痕摺疊。
⑤僅車縫表本體
0.2
表本體（正面）
③車縫返口。
⑥穿入兩條長50cm的圓繩。
翻至正面，

---

# 編織髮帶

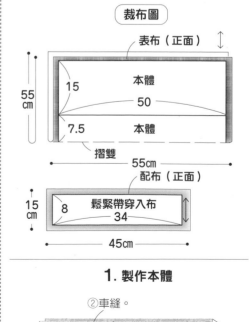

| 完成尺寸 | 材料 |
|---|---|
| 頭圍58cm | 表布（棉質細布）55cm×55cm |
| **原寸紙型** | 配布（平紋針織布）45cm×15cm |
| 無 | 扁鬆緊帶 寬2.5cm 20cm |
| | 羅紋緞帶 寬1.5cm 45cm |

### 裁布圖
表布（正面）
55cm
15　本體　50
7.5　本體
摺雙
55cm
配布（正面）
15cm　8　鬆緊帶穿入布　34
45cm

## 1. 製作本體
②車縫。
①燙開縫份。
1　本體（背面）　7.5

## 2. 本體作辮子編
①將三條本體進行辮子編。
0.5　本體（正面）
②暫時車縫固定。

④翻至正面，重新摺疊使針腳置中。
③燙開縫份。
本體（正面）
※其餘兩片&鬆緊帶穿入布作法亦同。

④疊上42cm羅紋緞帶。
本體（裡側·正面）　2.5 0.5
0.5　2.5
③兩端稍微往內收摺至2.5cm寬。
⑤暫時車縫固定。
⑥整理辮子編，以白膠貼上緞帶。

## 3. 製作鬆緊帶穿入布&接縫本體

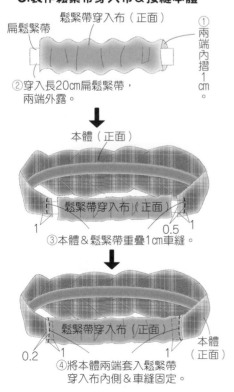
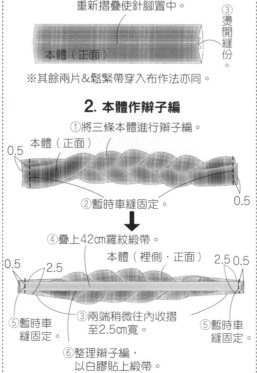

鬆緊帶穿入布（正面）
扁鬆緊帶
①兩端內摺1cm
②穿入長20cm扁鬆緊帶，兩端外露。
本體（正面）
鬆緊帶穿入布（正面）
③本體&鬆緊帶重疊1cm車縫。
0.5　1
本體（正面）
鬆緊帶穿入布（正面）
④將本體兩端套入鬆緊帶穿入布內側&車縫固定。
0.2　1　1　本體（正面）

**完成尺寸**
寬25×高16×側身13cm

**原寸紙型**
A面

**材料**
表布（防水處理11號帆布）40cm×45cm
魔鬼氈（背膠貼紙式）直徑2cm 2組
人字帶 寬1.8cm 180cm

---

### 3. 周圍滾邊

①依側身作法以人字帶包捲。
②車縫。

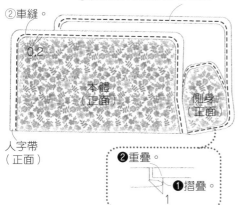

0.2
本體（正面）
側身（正面）
人字帶（正面）

②重疊。
①摺疊。
1

### 4. 完成！

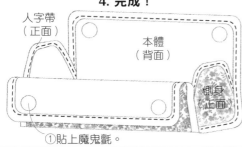

人字帶（正面）
本體（背面）
側身（正面）
①貼上魔鬼氈。

### 2. 側身接縫於本體

①背面相對對齊中心，暫時車縫固定。

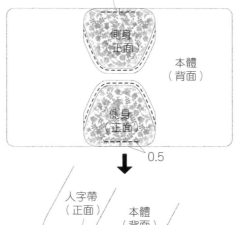

側身（正面）
本體（背面）
側身（正面）
0.5

人字帶（正面）
本體（背面）
側身（正面）
本體接縫止點
本體接縫止點
0.8
②車縫。
※另一側作法亦同。

### 裁布圖

45cm
本體
摺雙
表布（正面）
側身
40cm

### 1. 側身滾邊

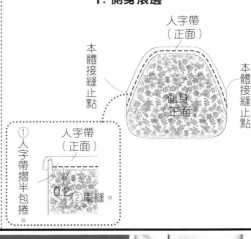

人字帶（正面）
側身（正面）
本體接縫止點
本體接縫止點

①人字帶摺半包捲
人字帶（正面）
0.2
②車縫。

---

**完成尺寸**
寬14.7×高13.5×側身14.7cm

**原寸紙型**
A面

**材料**
表布（棉質細布）80cm×35cm
配布（棉布）75cm×40cm
接著襯（中薄）75cm×75cm
緞帶 寬1cm 110cm

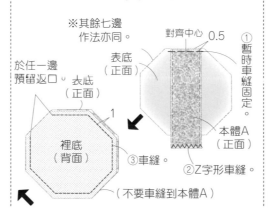

---

本體A（正面）
④翻至正面。
⑤返口縫份內摺。
裡底（正面）
0.2
13.5
⑥車縫。
⑦末端一上一下交錯摺疊。

本體A（正面）
⑨車縫。
※以本體B遮住本體A的摺疊端。

1.5
1.3
0.2
⑧將本體A向上翻，與本體B交錯重疊固定。
⑩兩端穿入緞帶打結（110cm）
本體B（正面）
本體A（正面）
遮住本體B的針腳。

⑤車縫 1
本體B（背面）
④對摺
⑨車縫
⑧對摺。
⑥燙開縫份。
1
1
0.2
本體B（正面）
6
※製作2條

### 2. 組裝本體

※其餘七邊作法亦同。

對齊中心 0.5
表底（正面）
裡底（正面）
於任一邊預留返口
1
裡底（背面）
③車縫。
（不要車縫到本體A）

①暫時車縫固定。
本體A（正面）
②Z字形車縫。

### 裁布圖

※除了表・裡底之外皆無原寸紙型。
　請依標示的尺寸（已含縫份）直接裁剪。
※□處需於背面燙貼接著襯。

表布（正面）
本體A（8片同型）
35cm
14 18
80cm

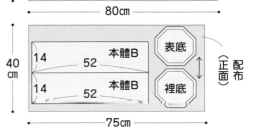

40cm
表底
裡底
14 52 本體B
14 52 本體B
（正面）配布
75cm

### 1. 製作本體

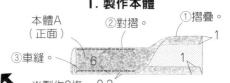

①摺疊。
本體A（正面）
②對摺。
1
③車縫。
6
1
0.2
※製作8條

**完成尺寸**
寬12×高12×高2.7cm

**原寸紙型**
A面

**材料**
表布（平織布）25cm×25cm
裡布（棉布）25cm×25cm
接著襯（厚）25cm×25cm
雙面固定釦 0.5cm 4組

### 置物布盤

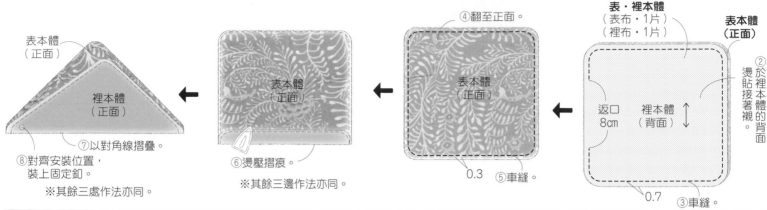

表本體（正面）

裡本體（正面）

⑦以對角線摺疊。

⑧對齊安裝位置，
裝上固定釦。
※其餘三處作法亦同。

表本體（正面）

⑥燙壓摺痕。
※其餘三邊作法亦同。

④翻至正面。

表本體（正面）

0.3
⑤車縫。

①裁布。
**表・裡本體**
（表布・1片）
（裡布・1片）

**表本體（正面）**

②於裡本體的背面燙貼接著襯。

返口8cm
裡本體（背面）

0.7
③車縫。

---

**完成尺寸**
寬5×高19cm

**原寸紙型**
A面

**材料**
表布（平織布）20cm×40cm
接著襯（厚）10cm×40cm
皮繩 寬0.5cm 20cm／雞眼釦 內徑0.5cm 1組

### 筆插袋

**2. 製作本體**

**1. 裁布**

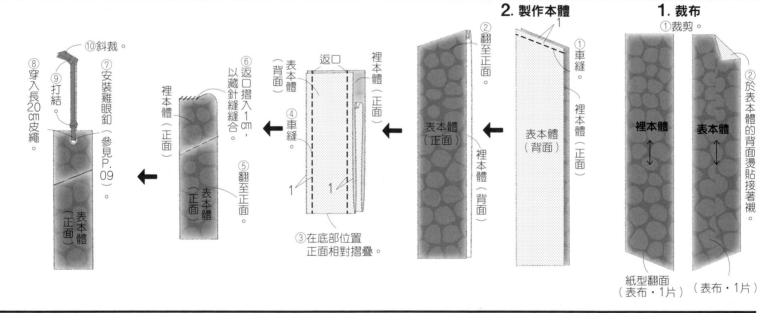

⑩斜裁。

⑧穿入長20cm皮繩。

⑨打結。

⑦安裝雞眼釦（參見P.09）。

裡本體（正面）

⑥返口摺入1cm，以藏針縫縫合。

裡本體（正面）

表本體（正面）

⑤翻至正面。

表本體（正面）

④車縫。

表本體（背面）

裡本體（正面）

返口

1　1

③在底部位置正面相對摺疊。

②翻至正面。

①車縫。

表本體（背面）

裡本體（正面）

裡本體（背面）

①裁剪。

**裡本體**

**表本體**

②於表本體的背面燙貼接著襯。

紙型翻面
（表布・1片）

（表布・1片）

---

**完成尺寸**
寬5.7×高12cm
（摺疊時）

**原寸紙型**
A面

**材料**
表布（平織布）25cm×15cm／裡布（棉布）25cm×15cm
接著襯（厚）25cm×15cm
四勾鑰匙排扣（寬3.4cm）1個
塑膠按釦 14mm 1組

### 鑰匙包

**2. 製作本體**

**1. 裁布**

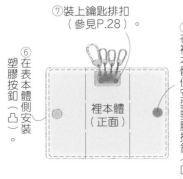

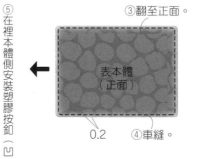

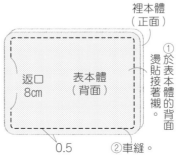

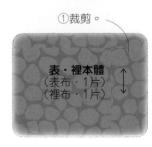

⑦裝上鑰匙排扣（參見P.28）。

⑥在表本體側安裝塑膠按釦（凸）。

裡本體（正面）

⑤在裡本體側安裝塑膠按釦（凹）。

③翻至正面。

表本體（正面）

返口8cm
表本體（背面）

0.2
④車縫。

裡本體（正面）

①於表本體的背面燙貼接著襯。

①裁剪。

**表・裡本體**
（表布・1片）
（裡布・1片）

0.5
②車縫。

## No.19 分隔波奇包

| 完成尺寸 | 材料 | |
|---|---|---|
| 寬21×高12cm | **表布**（平織布）30cm×35cm |  |
| | **裡布**（棉布）30cm×35cm | |
| **原寸紙型** | **單膠鋪棉** 30cm×35cm | P.11_ No. **19** |
| 無 | **FLATKNIT拉鍊** 20cm 1條 | **分隔波奇包** |

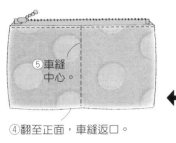

⑤車縫中心。

④翻至正面，車縫返口。

### 2. 製作本體

※參見P.33「波奇包的拉鍊縫法」與本體接縫。

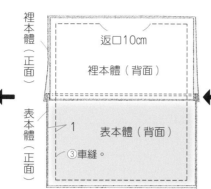

返口10cm
裡本體（背面）
裡本體（正面）
表本體（背面）
1
③車縫。
表本體（正面）

① 摺疊拉鍊兩端。

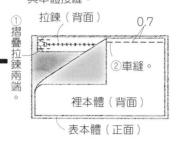

拉鍊（背面）　0.7
②車縫。
裡本體（背面）
表本體（正面）

### 1. 裁布

※標示的尺寸已含縫份。

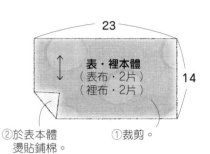

23
表・裡本體
（表布・2片）
（裡布・2片）
14

②於表本體燙貼鋪棉。
①裁剪。

---

## No.23 餐具收納盒

| 完成尺寸 | 材料 | |
|---|---|---|
| 寬25×高6×側身8cm | **表布**（亞麻布）40cm×25cm |  |
| | **裡布**（平紋精梳棉布）40cm×25cm | |
| **原寸紙型** | **接著襯**（極厚）40cm×25cm | P.12_ No. **23** |
| 無 | **單膠鋪棉** 40cm×25cm | **餐具收納盒** |

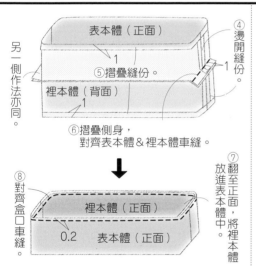

表本體（正面）
1
⑤摺疊縫份。
裡本體（背面）
1
另一側作法亦同。
④燙開縫份。
⑥摺疊側身，對齊表本體＆裡本體車縫。

⑧對齊盒口車縫。
裡本體（正面）
0.2　表本體（正面）
⑦翻至正面，放進表本體中，將裡本體

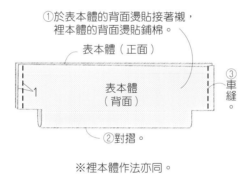

①於表本體的背面燙貼接著襯，裡本體的背面燙貼鋪棉。
表本體（正面）
1
表本體（背面）
③車縫。
②對摺。

※裡本體作法亦同。

### 裁布圖

※標示的尺寸已含縫份。

表・裡布（正面）
※裡布裁法相同。

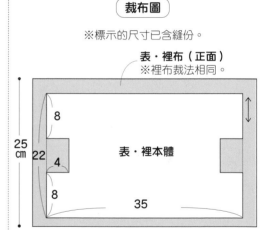

25cm
22
8
4
8
表・裡本體
35
40cm

---

## No.31 水滴鍋墊

| 完成尺寸 | 材料 | |
|---|---|---|
| 寬17×高19cm | **表布**（平紋精梳棉布）25cm×25cm |  |
| | **裡布**（棉布）25cm×25cm | |
| **原寸紙型** | **單膠鋪棉** 50cm×25cm | P.14_ No. **31** |
| B面 | **圓繩** 粗0.5cm 10cm／**25號繡線**（深藍色） | **水滴鍋墊** |

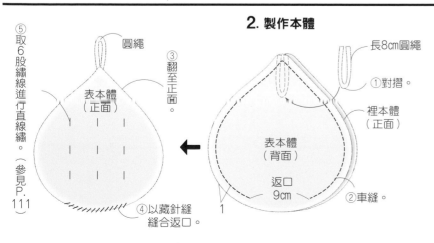

⑤取6股繡線進行直線繡。（參見P.111）

圓繩
表本體（正面）
③翻至正面。

表本體（背面）
返口9cm
②車縫。

④以藏針縫縫合返口。
1

### 2. 製作本體

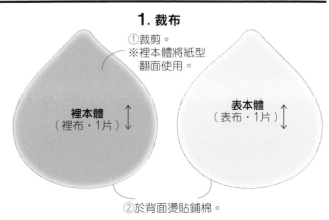

長8cm圓繩
①對摺。
裡本體（正面）

### 1. 裁布

①裁剪。
※裡本體將紙型翻面使用。

裡本體（裡布・1片）
表本體（表布・1片）

②於背面燙貼鋪棉。

| 完成尺寸 | 材料 |
|---|---|
| 寬7×高2.5×側身2.5cm | 表布（平織布）25cm×10cm |
| **原寸紙型** | 配布（平織布）25cm×20cm |
| A面 | 單膠鋪棉 30cm×10cm |
| | 優格盒蓋（塑膠）3個 |

# 貝殼波奇包

## 1. 裁布

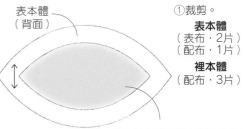

①裁剪。
**表本體**
（表布‧2片）
（配布‧1片）
**裡本體**
（配布‧3片）

表本體
（背面）

②沿表本體與裡本體的背面
完成線燙貼鋪棉。

裡板
（正面）

④將尖角剪圓。

③使用優格盒蓋
裁剪3片。

## 2. 製作本體

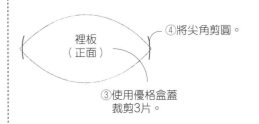

①進行縮縫。

表本體
（背面）

裡板
（正面）

0.5

②疊放裡板，拉緊縫線。

※製作3組。

1

④沿完成線摺疊。

裡本體
（背面）

③剪牙口。

※製作3組。

⑤表本體&裡本體背面相對，
以藏針縫縫合。

表本體
（背面）

裡本體
（正面）

※製作3組。

包口

表本體
（側面‧正面）

表本體
（底‧正面）

表本體
（側面‧正面）

包口

裡本體
（側面‧正面）

包口

表本體
（側面‧正面）

表本體
（底‧正面）

⑥將底部本體背面相對，以藏針縫接縫側面本體，接縫側面本體兩脇邊。

---

| 完成尺寸 | 材料 |
|---|---|
| 寬21×高35×側身6cm | 表布（平織布）65cm×45cm |
| **原寸紙型** | 裡布（棉布）65cm×45cm |
| 無 | 接著襯（薄）65cm×45cm |
| | FLATKNIT拉錬 35cm 1條 |

# 鞋子收納袋

## 裁布圖

※標示的尺寸已含縫份。
※▨▨處需於背面燙貼接著襯
（僅表本體&提把）。

**表布 A‧B（正面）**
※裡布裁法相同。

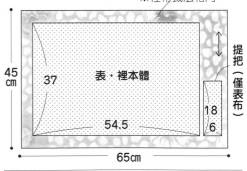

45 cm

37

表‧裡本體

54.5

提把
（僅表布）

18
6

65cm

## 1. 接縫拉錬

接縫拉錬（參見P.33）。
拉錬（正面）

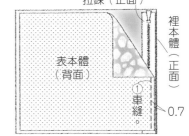

表本體
（背面）

裡本體
（正面）

①車縫 0.7

## 2. 製作提把

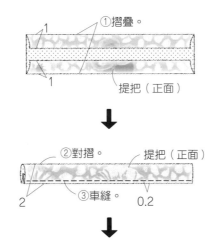

①摺疊。

1
1

提把（正面）

②對摺。 提把（正面）

2
③車縫。 0.2

裡本體（正面）

0.5
2 2
中心
0.5

表本體
（正面）

提把
（正面）

④暫時車縫固定。

## 3. 製作本體

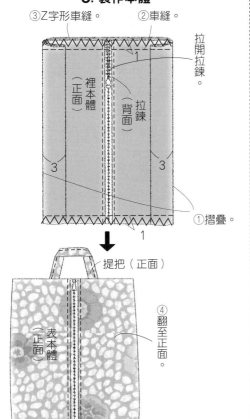

③Z字形車縫。
②車縫。

拉開拉錬。

裡本體
（正面）

1

拉錬
（背面）

3
3

①摺疊。

1

提把（正面）

④翻至正面。

表本體
（正面）

| 完成尺寸 | 材料 |
|---|---|
| 寬17.5×高13.5cm | **表布**（棉布）45cm×25cm／**裡布**（棉布）60cm×35cm |
| **原寸紙型** | **接著襯**（中薄）25cm×15cm |
| **B面** | **單膠鋪棉** 30cm×20cm |
| | **手帳用口金**（寬12cm 高16.2cm） |

## 3. 縫製本體

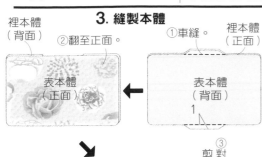

①車縫。
②翻至正面。
裡本體（背面）
表本體（正面）
裡本體（正面）
表本體（背面）
1

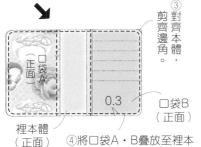

③對齊本體，剪齊邊角。
正面
口袋A
裡本體（正面）
口袋B（正面）
0.3
④將口袋A・B疊放至裡本體側，暫時車縫固定。

## 4. 完成！

安裝口金。（參見P.29）
表本體（正面）

## 1. 製作口袋A

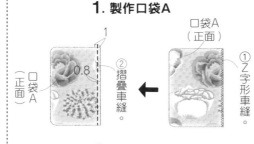

①Z字形車縫。
②摺疊車縫。
口袋A（正面）
口袋A（正面）
正面 口袋A
0.8
1

## 2. 製作口袋B

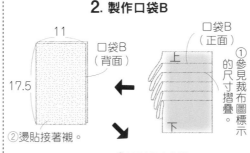

①參見裁布圖標示的尺寸摺疊。
口袋B（正面）
口袋B（背面）
上 下
11
17.5
②燙貼接著襯。
③以斜裁布製作滾邊用斜布條。

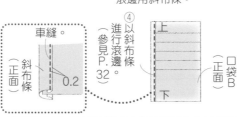

車縫。
斜布條（正面）
0.2
④以斜布條進行滾邊（參見P.32）。
上 下
口袋B 正面

## 裁布圖

※斜裁布＆口袋B無原寸紙型，請依標示的尺寸（已含縫份）直接裁剪。
※▨處需於背面燙貼接著襯。
※□處需於背面燙貼鋪棉（縫份不貼）。

表布（正面）
25cm
表本體
口袋A
45cm

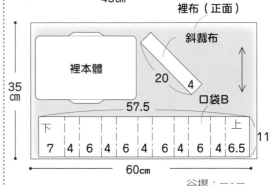

裡布（正面）
35cm
裡本體
斜裁布 20 4
口袋B
57.5
下 上
7 4 6 4 6 4 6 4 6 4 6.5
11
60cm

谷摺：-----
山摺：——

---

| 完成尺寸 | 材料 |
|---|---|
| 寬14.5×高18cm（摺疊時） | **表布**（平織布）60cm×20cm／**裡布**（亞麻布）70cm×40cm |
| **原寸紙型** | **單膠鋪棉** 45cm×25cm／**接著襯**（中薄）20cm×20cm |
| **B面** | **FLATKNIT拉鍊** 20cm 1條 |
| | **塑膠四合釦** 14mm 1組 |

## 3. 完成！

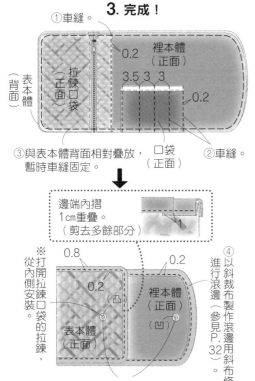

①車縫。
裡本體（正面）
表本體（背面）
拉鍊口袋（正面）
0.2
3.5 3 3
0.2
②車縫。
口袋（正面）
③與表本體背面相對疊放，暫時車縫固定。

邊端內摺1cm重疊。（剪去多餘部分）
1

※從打開內側拉鍊口袋的拉鍊，安裝。
0.8
0.2
0.2
裡本體（正面）
表本體（正面）
④以斜裁布製作滾邊用斜布條，進行滾邊（參見P.32）。
⑤安裝塑膠四合釦。

## 1. 製作口袋

①依1cm→1cm寬度三摺邊車縫。

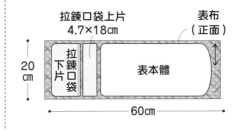

0.3
1
口袋（正面）

1 口袋（背面） 1
②摺疊。

## 2. 接縫拉鍊

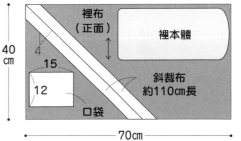

②摺疊上端。
①接縫拉鍊。（參見P.33）
上止
1
0.2
2 1
拉鍊口袋上片（正面）
拉鍊口袋下片（正面）
③剪去多餘部分。

## 裁布圖

※除了表・裡本體＆拉鍊口袋之外皆無原寸紙型，請依標示的尺寸（已含縫份）直接裁剪。
※▨處需於背面燙貼接著襯。
※□處需於背面燙貼鋪棉。

拉鍊口袋上片 4.7×18cm
表布（正面）
20cm
拉鍊下片口袋
表本體
60cm

裡布（正面）
40cm
裡本體
斜裁布 約110cm長
4
15
12
口袋
70cm

| 完成尺寸 | 材料 |
|---|---|
| 寬24×高33.5×側身10cm | 表布（透氣網布）80cm×30cm |
| **原寸紙型** | 配布（平紋精梳棉布）40cm×50cm |
| 無 | 接著襯（中薄）40cm×35cm |
| | 圓繩 粗0.5cm 160cm |

### 蔬果收納袋

## 2. 接縫口布

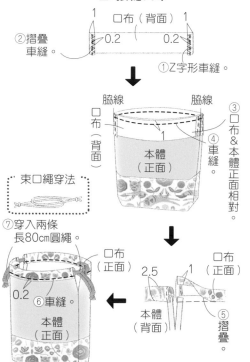

②摺疊車縫。
①Z字形車縫。
口布（背面）
0.2　0.2

脇線　脇線
口布（背面）
③口布&本體正面相對。
④車縫。
本體（正面）

**束口繩穿法**

⑦穿入兩條長80cm圓繩。

口布（正面）
0.2
2.5
⑥車縫。
本體（正面）

口布（正面）
本體（背面）
口布（正面）
⑤摺疊。

## 1. 製作本體

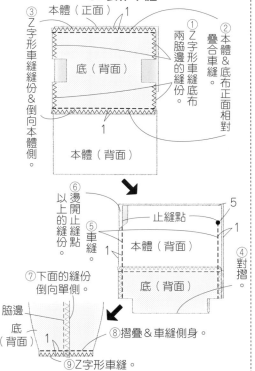

③Z字形車縫縫份&倒向本體側。
本體（正面）
①本體&底布正面相對疊合車縫。
②本體&底布正面相對疊合車縫。
底（背面）
本體（背面）

⑥燙開止縫份。
以上的止縫份。
止縫點
本體（背面）
⑤車縫。
底（背面）
④對摺。

⑦下面的縫份倒向單側。
脇邊
底（背面）
⑧摺疊&車縫側身。
⑨Z字形車縫。

## 裁布圖

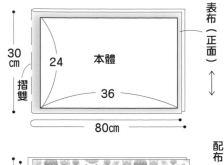

※標示的尺寸已含縫份。
※▒▒處需於背面燙貼接著襯。

30cm
24
本體
36
摺雙
80cm
表布（正面）

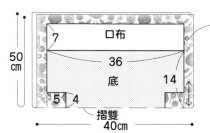

50cm
7　口布
36
底　14
5　4
摺雙
40cm
配布（正面）

---

| 完成尺寸 | 材料 |
|---|---|
| 寬19×高16cm | 表布（平紋精梳棉布）50cm×20cm |
| **原寸紙型** | 配布（平紋精梳棉布）50cm×35cm |
| B面 | 單膠鋪棉 50cm×40cm／25號繡線（黑色）適量 |
| | 不織布（紅色）10cm×5cm／圓繩 粗0.3cm 15cm |

### 母雞隔熱手套

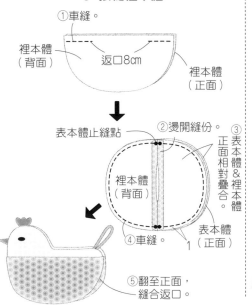

④展開表本體。
⑤暫時車縫固定。
表本體（正面）
表口袋（正面）

## 3. 接縫裡本體

①車縫。
裡本體（背面）
返口8cm
裡本體（正面）

②燙開縫份。
表本體止縫點
裡本體（背面）
③表本體&裡本體正面相對疊合。
表本體（正面）
④車縫。

⑤翻至正面，縫合返口。

## 1. 製作表本體

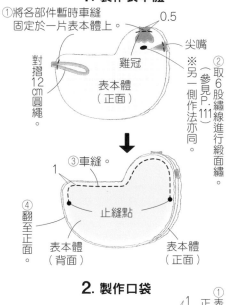

①將各部件暫時車縫固定於一片表本體上。
0.5
雞冠
尖嘴
※另一側作法亦同。
對摺12cm圓繩。
表本體（正面）
②取6股繡線進行緞面繡。（參見P.111）

③車縫。
止縫點
表本體（背面）
表本體（正面）
④翻至正面。

## 2. 製作口袋

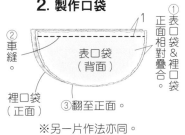

②車縫。
表口袋（背面）
①表口袋&裡口袋正面相對疊合。
裡口袋（正面）
③翻至正面。
※另一片作法亦同。

## 裁布圖

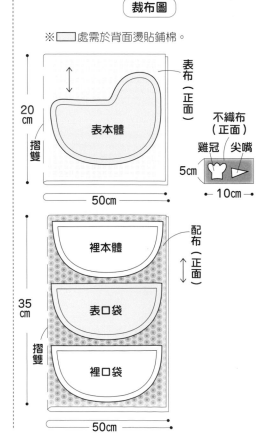

※□處需於背面燙貼鋪棉。

20cm
表本體
摺雙
50cm
表布（正面）

不織布（正面）
雞冠　尖嘴
5cm
←10cm→

35cm
裡本體
表口袋
裡口袋
摺雙
50cm
配布（正面）

| 完成尺寸 | 材料 |
|---|---|
| 直徑12×高21cm | 表布（平紋精梳棉布）80cm×25cm |
| | 裡布（平紋精梳棉布）80cm×25cm |
| **原寸紙型** | 單膠鋪棉 80cm×25cm |
| **B面** | 羅紋緞帶 寬1.5cm 40cm |
| | 滾邊用斜布條 寬1.1cm 45cm |

## 茶壺保溫罩

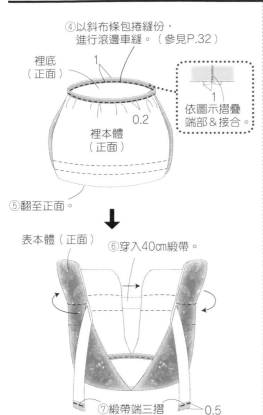

④以斜布條包捲縫份，進行滾邊車縫。（參見P.32）

裡底（正面）

裡本體（正面）

0.2

依圖示摺疊端部＆接合。

⑤翻至正面。

表本體（正面）

⑥穿入40cm緞帶。

⑦緞帶端三摺車縫。 0.5

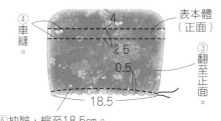

④車縫。

表本體（正面）

③翻至正面。

2.5  0.5  4

18.5

⑤抽皺，縮至18.5cm。

※另一片表本體作法亦同。

### 2. 接縫底部

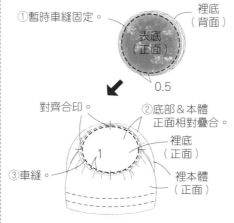

①暫時車縫固定。

裡底（背面）

表底（正面）

0.5

對齊合印。

②底部＆本體正面相對疊合。

裡底（正面）

③車縫。

裡本體（正面）

1

### 裁布圖

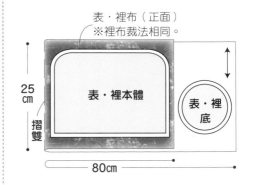

※□處需於背面燙貼鋪棉。
（僅裡本體＆裡底，縫份不貼。）

表・裡布（正面）
※裡布裁法相同。

25cm

摺雙

表・裡本體

表・裡底

80cm

### 1. 製作表本體

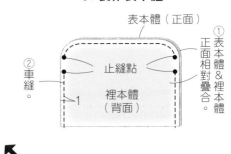

表本體（正面）

①表本體＆裡本體正面相對疊合。

②車縫。

止縫點

裡本體（背面）

1

---

| 完成尺寸 | 材料 |
|---|---|
| 寬9×高7×高6cm | 表布A（平織布）25cm×25cm |
| | 表布B（平織布）25cm×25cm |
| **原寸紙型** | 接著襯（中薄）50cm×25cm |
| **B面** | 牛奶盒 2個／流蘇 1個 |

## 小物收納盤

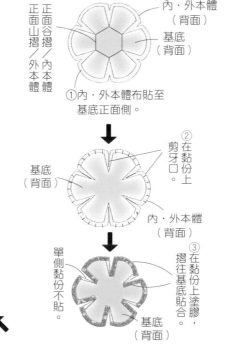

內本體（正面）

④沿摺痕摺疊，黏合成盤狀。

⑤於外本體內側塗膠後，放入內本體。

外本體（正面）

內本體（正面）

流蘇

外本體（正面）

⑥夾住流蘇，待膠乾燥。

※以強力夾加強固定，待膠乾燥。

### 2. 製作內・外本體＆貼合

正面山摺／外本體・內本體

正面谷摺／外本體・內本體

內・外本體（背面）

基底（背面）

①內・外本體布貼至基底正面側。

基底（背面）

②在黏份上剪牙口。

內・外本體（背面）

③在黏份上塗膠，摺往基底貼合。

單側黏份不貼。

基底（背面）

### 1. 裁剪

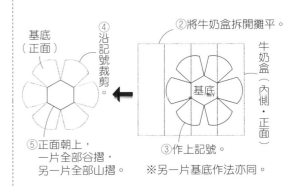

內本體（表布A・1片）

外本體（表布B・1片）

①於背面燙貼接著襯後裁剪。

②將牛奶盒拆開攤平。

基底（正面）

④沿記號裁剪。

牛奶盒（內側・正面）

③作上記號。

基底

⑤正面朝上，一片全部谷摺，另一片全部山摺。

※另一片基底作法亦同。

## 袋中袋

**完成尺寸**
寬22×高15×側身6cm

**原寸紙型**
無

**材料**
表布（棉帆布）80cm×40cm
裡布（棉布）40cm×45cm

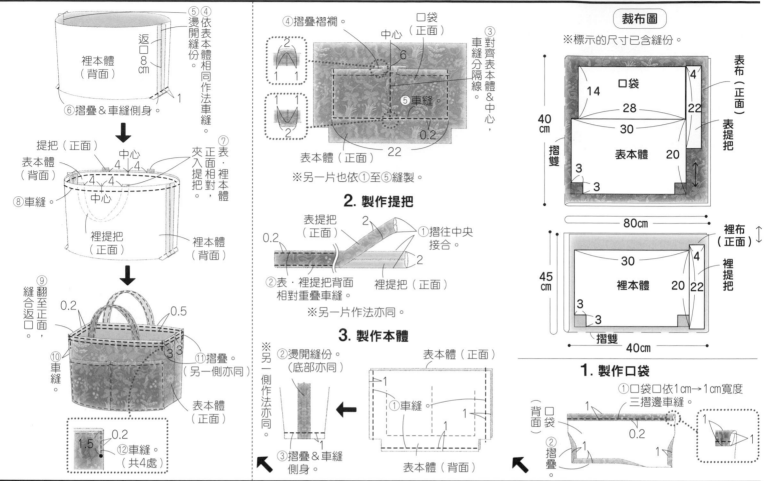

④摺疊褶襉。

⑤依表本體相同作法車縫。
④燙開縫份。

返口8cm

裡本體（背面）

⑥摺疊&車縫側身。

口袋（正面）
中心
6
③對齊表本體&中心，車縫分隔線。
⑤車縫。
0.2
表本體（正面）
22

※另一片也依①至⑤縫製。

提把（正面）
表本體（背面）
中心
4 4 4 4
⑦表·裡正面相對夾入提把，車縫。
中心
裡提把（正面）
裡本體（背面）
⑧車縫。

**2. 製作提把**

表提把（正面）
2
①摺往中央接合。
0.2
②表·裡提把背面相對重疊車縫。
裡提把（正面）
※另一片作法亦同。

⑨翻至正面，縫合返口。
0.2
0.5
⑩車縫。
3 3
⑪摺疊。（另一側亦同）
表本體（正面）
裡本體（背面）

1.5
0.2
⑫車縫。（共4處）

**3. 製作本體**

※另一側作法亦同。
②燙開縫份。（底部亦同）
表本體（正面）
①車縫
1 1
1 1
③摺疊&車縫側身。
表本體（背面）

**裁布圖**
※標示的尺寸已含縫份。

口袋
14
4
表布（正面）
表提把
22
28
40cm
摺雙
30
表本體
20
3
3

80cm

裡布（正面）
30
4
裡提把
45cm
裡本體
20 22
3
3
摺雙
40cm

**1. 製作口袋**
①口袋口依1cm→1cm寬度三摺邊車縫。
背面
口袋
1
1
0.2
1
1
②摺疊
1
1

---

## 保鮮膜收納壁掛

**完成尺寸**
寬31×高28cm

**原寸紙型**
無

**材料**
表布A（平紋精梳布）40cm×30cm
表布B（亞麻布）110cm×30cm
配布（帆布）75cm×35cm／接著襯（薄）75cm×30cm
接著襯（極厚）40cm×30cm／雞眼釦 內徑1cm 2組

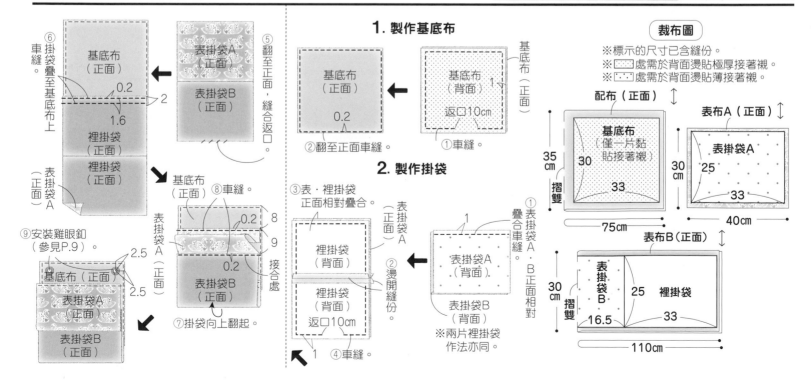

**1. 製作基底布**

⑥車縫。
掛袋疊至基底布上
基底布（正面）
0.2
2
1.6
裡掛袋（正面）
表掛袋A（正面）

表掛袋A（正面）
⑤翻至正面，縫合返口。
表掛袋B（正面）

基底布（正面）
基底布（背面）
①車縫。
返口10cm
0.2
②翻至正面車縫。

基底布（正面）
基底布（背面）
①車縫。

**2. 製作掛袋**

⑨安裝雞眼釦（參見P.9）。
2.5
2.5
基底布（正面）
表掛袋A（正面）
表掛袋B（正面）

基底布
⑧車縫。
0.2
8
表掛袋A（正面）
9
接合處
0.2
表掛袋B（正面）
⑦掛袋向上翻起。

③表·裡掛袋正面相對疊合。
表掛袋A（正面）
1
裡掛袋（背面）
接合處
表掛袋B（背面）
返口10cm
1
④車縫。

①疊合車縫。
表掛袋A
②燙開縫份。
表掛袋A（背面）
表掛袋B（背面）
①表掛袋A·B正面相對
※兩片裡掛袋作法亦同。

**裁布圖**
※標示的尺寸已含縫份。
※ 處需於背面燙貼極厚接著襯。
※ 處需於背面燙貼薄接著襯。

配布（正面）
基底布（僅一片黏貼接著襯）
35cm
30
33
摺雙
75cm

表布A（正面）
表掛袋A
30cm
25
33
40cm

表布B（正面）
表掛袋B
裡掛袋
30cm
25
16.5
33
摺雙
110cm

| 完成尺寸 | 材料 |
|---|---|
| 寬60×高14cm | 表布（平紋精梳棉布）65cm×35cm |
| | 配布（平紋精梳棉布）65cm×35cm |
| **原寸紙型** | 單膠鋪棉 65cm×35cm |
| **B面** | 滾邊用斜布條 寬11mm 180cm |

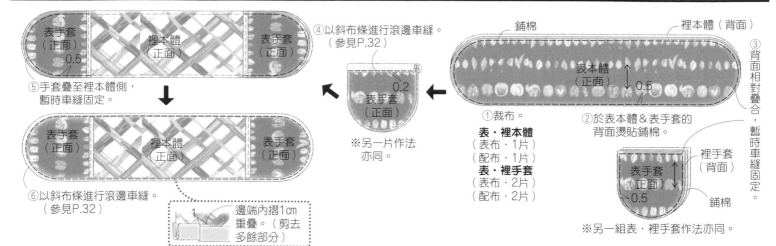

④以斜布條進行滾邊車縫。（參見P.32）

⑤手套疊至裡本體側，暫時車縫固定。

⑥以斜布條進行滾邊車縫。（參見P.32）

表手套（正面） 0.5 裡本體（正面） 表手套（正面）

表手套（正面） 裡本體（正面） 表手套（正面）

邊端內摺1cm重疊。（剪去多餘部分）

0.2 表手套（正面）

※另一片作法亦同。

①裁布。
**表・裡本體**
（表布・1片）
（配布・1片）
**表・裡手套**
（表布・2片）
（配布・2片）

②於表本體＆表手套的背面燙貼鋪棉。

③背面相對疊合，暫時車縫固定。

鋪棉 裡本體（背面）

表本體（正面） 0.5

裡手套（背面） 表手套（正面） 0.5 鋪棉

※另一組表・裡手套作法亦同。

---

| 完成尺寸 | 材料 |
|---|---|
| 寬7×高20cm | 表布（平紋精梳棉布）20cm×25cm |
| | 裡布（棉布）20cm×25cm |
| **原寸紙型** | 單膠鋪棉 20cm×25cm |
| **B面** | 滾邊用斜布條 寬11mm 20cm |

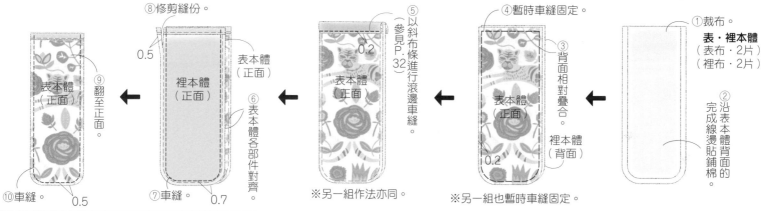

⑧修剪縫份。 0.5

⑨翻至正面。

⑩車縫。 0.5

表本體（正面）

裡本體（正面）

表本體（正面）

⑦車縫。 0.7

⑥表本體各部件對齊。

⑤以斜布條進行滾邊車縫。（參見P.32）

0.2 表本體（正面）

※另一組作法亦同。

④暫時車縫固定。

表本體（正面）

③背面相對疊合。

裡本體（背面）0.2

※另一組也暫時車縫固定。

①裁布。
**表・裡本體**
（表布・2片）
（裡布・2片）

②沿表本體背面的完成線燙貼鋪棉。

---

| 完成尺寸 | 材料 |
|---|---|
| 寬19×高15cm | 表布A（平紋精梳棉布）60cm×40cm |
| | 表布B（平紋精梳棉布）40cm×20cm／配布（棉布）5cm×15cm |
| **原寸紙型** | 雙單膠鋪棉 40cm×20cm／25號繡線（黑色） |
| **B面** | |

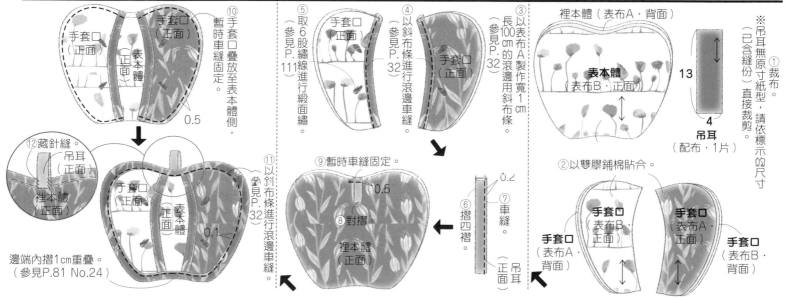

⑩手套口疊放至表本體側，暫時車縫固定。

手套口（正面） 表本體正面 手套口（正面） 0.5

⑫藏針縫。

吊耳（正面）

裡本體（正面）

手套口正面 表本體正面

邊端內摺1cm重疊。（參見P.81 No.24）

⑪以斜布條進行滾邊車縫。（參見P.32）0.1

⑤取6股繡線進行緞面繡。（參見P.111）

手套口正面

④以斜布條進行滾邊車縫。（參見P.32）

手套口（正面）

③以表布A製作寬1cm長100cm的滾邊用斜布條。（參見P.32）

⑨暫時車縫固定。0.5

⑧對摺。

裡本體（正面）

⑥摺四摺。

⑦車縫。0.2

正吊耳

裡本體（表布A・背面）

表本體
（表布B・正面）13

②以雙膠鋪棉貼合。

手套口（表布B・正面） 手套口（表布A・正面）

手套口（表布A・背面） 手套口（表布B・背面）

吊耳（配布・1片）4

※吊耳無原寸紙型（已含縫份）直接裁剪。

①裁布。
**表本體**
（表布B・正面）

| 完成尺寸 | 材料 | |
|---|---|---|
| 直徑約16cm | 表布（平紋精梳棉布）40cm×15cm | |
| | 裡布（棉布）40cm×15cm／圓繩 粗0.7cm 30cm | |
| 原寸紙型 | 接著襯（中薄）40cm×15cm／圈環 直徑15cm 1個 | |
| B面 | 毛球花邊 寬0.5cm 40cm | |

P.15_ № **33**
**毛巾掛環裝飾套**

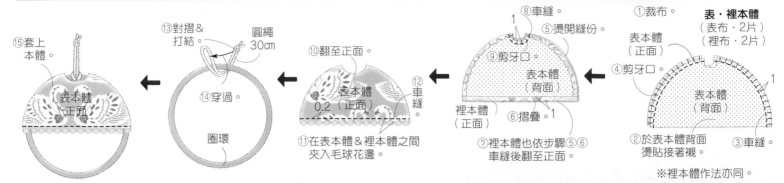

⑮套上本體。

⑬對摺&打結。
圓繩30cm

⑩翻至正面。

⑭穿過。
圈環

⑧車縫。
⑤燙開縫份。
⑨剪牙口。
表本體（背面）

表本體（正面）
裡本體（正面）
⑥摺疊。 1

①裁布。
表・裡本體
（表布・2片）
（裡布・2片）
表本體（正面）
④剪牙口。
表本體（背面）
②於表本體背面燙貼接著襯。
③車縫。

表本體（正面）
0.2
⑫車縫。
⑪在表本體&裡本體之間夾入毛球花邊。

⑦裡本體也依步驟⑤⑥車縫後翻至正面。

※裡本體作法亦同。

---

| 完成尺寸 | 材料 |
|---|---|
| 寬10×高14cm | 表布（平紋精梳棉布）30cm×35cm |
| 原寸紙型 | 鬆緊帶 寬2.5cm 25cm |
| 無 | |

P.15_ № **34**
**保冷劑收納袋**

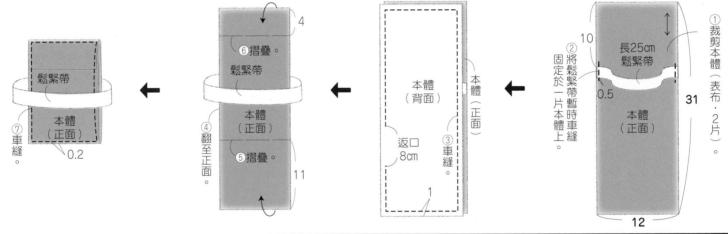

⑥摺疊
4
鬆緊帶

鬆緊帶
⑦車縫。
本體（正面）
0.2

④翻至正面。
本體（正面）
⑤摺疊。
11

本體（背面）
返口8cm
③車縫。
本體（正面）
1

①裁剪本體（表布・2片）。
②將鬆緊帶暫時車縫固定於一片本體上。
10
長25cm鬆緊帶
0.5
本體（正面）
31
12

---

| 完成尺寸 | 材料 |
|---|---|
| 寬10×高14cm | 表布（平紋精梳棉布）30cm×20cm |
| | 接著襯（薄）30cm×20cm |
| 原寸紙型 | 鬆緊帶 寬2.5cm 25cm |
| 無 | |

P.15_ № **35**
**餐盒束帶**

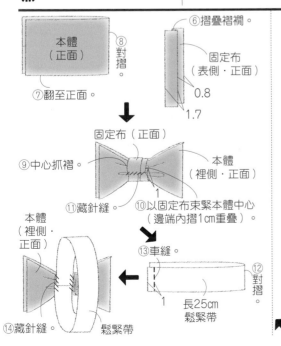

本體（正面）
⑧對摺。
⑦翻至正面。

⑥摺疊褶襉。
固定布（表側・正面）
0.8
1.7

固定布（正面）
⑨中心抓褶。
本體（裡側・正面）
⑪藏針縫。
⑩以固定布束緊本體中心（邊端內摺1cm重疊）。

本體（裡側・正面）
⑬車縫。
1
長25cm鬆緊帶
⑫對摺。
⑭藏針縫。
鬆緊帶

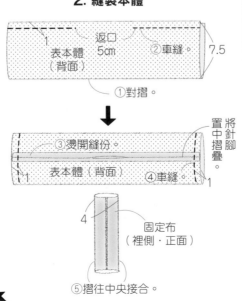

**2. 縫製本體**

1
返口5cm
表本體（背面）
②車縫。
7.5
①對摺。

③燙開縫份。
表本體（背面）
④車縫。
1
將針腳置中摺疊

4
固定布（裡側・正面）
⑤摺往中央接合。

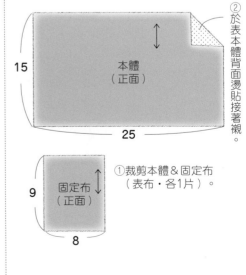

**1. 裁布**

②於表本體背面燙貼接著襯。
15
本體（正面）
25

9
固定布（正面）
8
①裁剪本體&固定布（表布・各1片）。

82

| 完成尺寸 | 材料 |
|---|---|
| 寬15×高11×側身9cm | 表布（平紋精梳棉布）50cm×60cm |
| **原寸紙型** | 配布（平紋精梳棉布）40cm×60cm |
| **B面** | 裡布（平紋精梳棉布）80cm×30cm／接著襯（薄）20cm×20cm |
| | 單膠鋪棉 80cm×60cm |
| | 魔鬼氈 5×5cm／包釦組 2cm 1組 |

**便當袋**

### 3. 製作本體

表本體（正面）

①車縫。

1

表本體（背面）

1

②摺疊袋口縫份。

※另一側作法亦同。

表本體（背面）

③摺疊&車縫側身。

1

※裡本體作法亦同。

### 4. 套疊表·裡本體

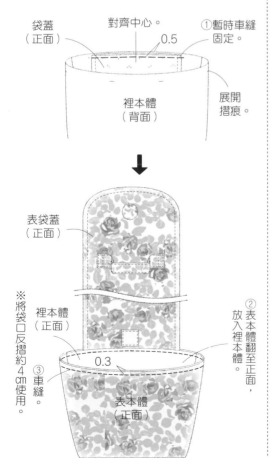

袋蓋（正面）

對齊中心。

0.5

①暫時車縫固定。

裡本體（背面）

展開摺痕。

表袋蓋（正面）

裡本體（正面）

※將袋口反摺約4cm使用。

0.3

③車縫。

表本體（正面）

②表本體翻至正面，放入裡本體。

### 2. 製作袋蓋

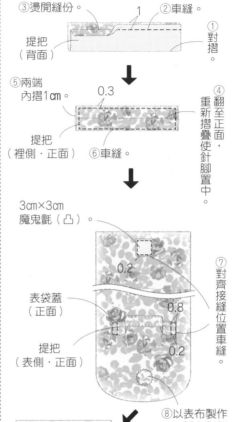

③燙開縫份。

1

②車縫。

①對摺。

提把（背面）

⑤兩端內摺1cm。

0.3

提把（裡側·正面）

④重新摺疊使針腳置於中。

⑥車縫。

提把（表側·正面）

3cm×3cm 魔鬼氈（凸）。

表袋蓋（正面）

0.2

0.8

0.2

⑦對齊接縫位置車縫。

⑧以表布製作&縫上包釦。

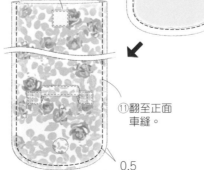

袋蓋（正面）

表口袋（正面）

0.5

⑨暫時車縫固定。

表袋蓋（正面）

⑩車縫

裡袋蓋（背面）

1

表袋蓋（正面）

⑪翻至正面車縫。

0.5

### 裁布圖

※提把&表·裡本體無原寸紙型，請依指定的尺寸（已含縫份）直接裁剪。
※▨░░░處需於背面燙貼接著襯。
※░░處需於背面燙貼鋪棉（縫份不貼）。

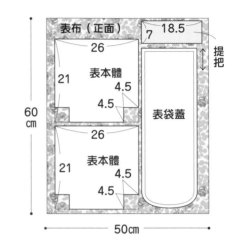

表布（正面）

7  18.5

26

提把

表本體

21

4.5

4.5

表袋蓋

60cm

26

表本體

21

4.5

4.5

50cm

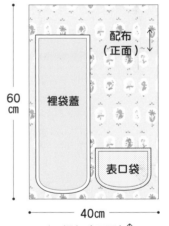

配布（正面）

裡袋蓋

60cm

表口袋

40cm

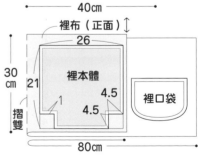

裡布（正面）

26

裡本體

21

4.5

1

4.5

裡口袋

30cm

摺雙

80cm

### 1. 製作口袋

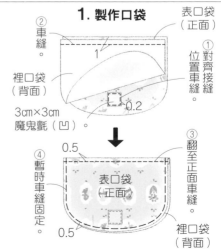

②車縫。

表口袋（正面）

①對齊接縫位置車縫。

裡口袋（背面）

3cm×3cm 魔鬼氈（凹）。

0.2

0.5

④暫時車縫固定。

表口袋（正面）

③翻至正面車縫。

0.5

裡口袋（背面）

0.5

## 附提把收納籃

| 完成尺寸 | 材料 |
|---|---|
| 寬24×高11×側身8cm | 表布（棉布）60cm×45cm／接著襯（薄）50cm×10cm |
| **原寸紙型** | 配布A（平織布）10cm×15cm 12片 |
| 無 | 配布B（平織布）25cm×5cm 2片 |
| | 單膠鋪棉 60cm×20cm／鈕釦 1cm 4個 |

### 2. 製作提把＆接縫

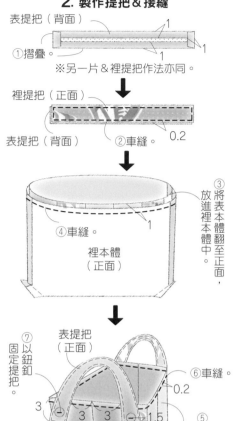

表提把（背面）
①摺疊。
※另一片＆裡提把作法亦同。

裡提把（正面）
表提把（背面）
②車縫。 0.2

③將表本體翻至正面，放進裡本體中。
④車縫。 1
裡本體（正面）

⑦以鈕釦固定提把。
表提把（正面）
⑥車縫。 0.2
3　3　3　1.5
表本體（正面）
⑤翻至正面，縫合返口。
脇線

### 1. 製作表本體＆裡本體

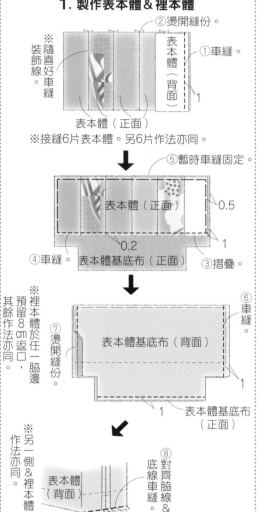

②燙開縫份。
①車縫。
表本體（背面） 1
※隨喜好車縫裝飾線。
表本體（正面）
※接縫6片表本體。另6片作法亦同。

⑤暫時車縫固定。
表本體（正面） 0.5
④車縫。 0.2
表本體基底布（正面） 1
③摺疊。

⑥車縫。
表本體基底布（背面）
燙開縫份。
表本體基底布（正面） 1
※裡本體於任一脇邊預留8cm返口，其餘作法亦同。

表本體（背面）
⑧對齊脇線＆底線車縫。 1
※另一側＆裡本體作法亦同。

### 裁布圖

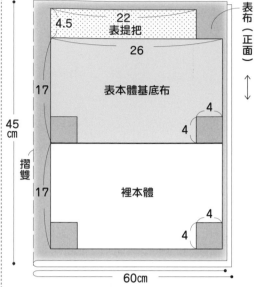

※標示的尺寸已含縫份。
※▨ 處需於背面燙貼接著襯。
※□ 處需於背面燙貼單膠鋪棉鋪。

表布（正面）
4.5　22 表提把
26
17　表本體基底布　4
45cm
摺雙
17　裡本體　4
4
60cm

6
12　表本體
※以配布A裁剪12條表本體。

4.5　22 裡提把
※以配布B裁剪2條裡提把。

---

## 文具收納袋

| 完成尺寸 | 材料 |
|---|---|
| 寬16.5×高22cm | 表布（棉麻帆布）40cm×30cm |
| **原寸紙型** | 配布（棉布）40cm×30cm |
| B面 | 單膠鋪棉 20cm×25cm |
| | 合成皮滾邊條 寬22mm 120cm |

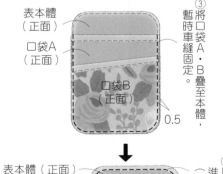

表本體（正面）
口袋A（正面）
口袋B（正面）
③將口袋A・B暫時車縫固定。
0.5

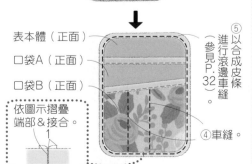

表本體（正面）
口袋A（正面）
口袋B（正面）
⑤以合成皮條進行滾邊車縫（參見P.32）。
依圖示摺疊端部＆接合。

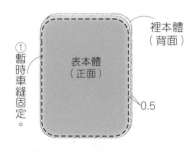

裡本體（背面）
①暫時車縫固定。
表本體（正面）
0.5

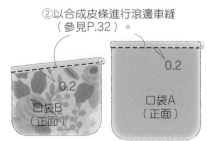

②以合成皮條進行滾邊車縫（參見P.32）。
口袋B（正面）
0.2
口袋A（正面）
0.2
④車縫。

### 裁布圖

※□ 處需於背面燙貼鋪棉。

表布（正面）
裡本體
口袋B
30cm
40cm

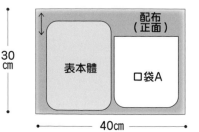

配布（正面）
表本體
口袋A
30cm
40cm

| 完成尺寸 | 材料 |
|---|---|
| 寬26×高19cm | 表布（8號・11號帆布）95cm×25cm |
| | 裡布（棉布）65cm×25cm／接著襯（中薄）65cm×10cm |
| **原寸紙型** | 四合釦 1.3cm 2組／雞眼釦 內徑0.7cm 4組 |
| 無 | 圓繩 粗0.5cm 150cm／織帶 寬2.5cm 60cm |

**P.09_ No. 14**
**P.37_ No. 59**
**隨行包**

### 3. 套疊表・裡本體

四合釦安裝側與無口袋側重疊。
① 表本體翻至正面，放入裡本體。
② 車縫。

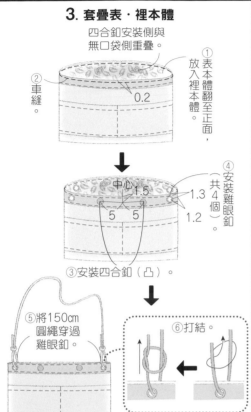

④ 安裝雞眼釦 共4個
1.5　1.3
5　5
1.2
中心

③ 安裝四合釦（凸）。

⑤ 將150cm圓繩穿過雞眼釦。

⑥ 打結。

### 裁布圖
※標示的尺寸已含縫份。
※ ▨ 處需於布料背面燙貼接著襯。

表布（正面）
18.5　表本體　28
15　口袋　28
25cm
摺雙
95cm

裡布（正面）
4
21　裡本體　28
25cm
摺雙
65cm

表本體（正面）
表本體（背面）
0.2　④車縫。　1
⑤車縫。　1　⑥燙開縫份。
28cm織帶
表本體（正面）
※另一片也以相同作法接縫織帶。

### 2. 製作裡本體

① 安裝四合釦（凹）。
中心 2.5
5　5
② 車縫。
裡本體（背面）
裡本體（正面）　1
裡本體（正面）
④ 摺疊。
裡本體（正面）　1
燙開縫份。
裡本體（背面）

### 1. 製作表本體

① 依1cm→2cm寬度三摺邊車縫。2
表本體（正面）
0.5
0.2　口袋（正面）
③ 車縫。3
口袋（背面）　0.2
② 摺疊。1

---

| 完成尺寸 | 材料 |
|---|---|
| 寬8×高22cm | 表布（平織布）45cm×30cm |
| | 裡布（棉布）25cm×30cm |
| **原寸紙型** | 拉鍊 20cm 1條 |
| 無 | |

**P.16_ No. 39**
**蝴蝶結筆袋**

### 4. 製作本體

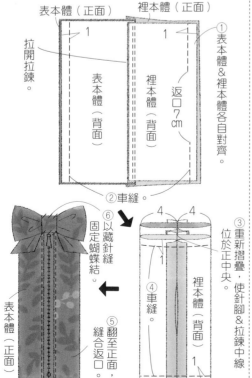

表本體（正面）　裡本體（正面）
1
拉開拉鍊。
表本體（背面）　裡本體（背面）
返口7cm
① 表本體＆裡本體各自對齊。
② 車縫。
③ 重新摺疊，位於正中央。
④ 車縫。
⑤ 縫合返口。
翻至正面，縫合返口。
表本體（正面）
裡本體（背面）
⑥ 以藏針縫固定蝴蝶結。

### 3. 製作蝴蝶結

① 車縫。　② 燙開縫份。
蝴蝶結A（背面）
中心
④ 摺疊　2　④ 摺疊
⑤ 藏針縫。
③ 翻至正面，重新摺疊使針腳置中。

蝴蝶結B（背面）
1　4　返口7cm　1
1　⑥ 車縫。　1
⑦ 修剪

⑧ 翻至正面，以藏針縫縫合返口。
蝴蝶結B（正面）

⑨ 蝴蝶結B打結，束緊蝴蝶結A。
蝴蝶結A（正面）
蝴蝶結B（正面）
⑩ 整理形狀。

### 1. 裁布
※標示的尺寸已含縫份。

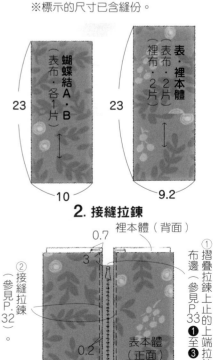

蝴蝶結A・B（表布・各1片）
23
10

表・裡本體（表布・裡布・各2片）
23
9.2

### 2. 接縫拉鍊

裡本體（背面）
0.7
② 接縫拉鍊（參見P.32）
3
表本體（正面）
0.2
① 摺疊拉鍊上止的上端拉鍊布邊（參見P.33的上端拉鍊 ❶ 至 ❸）。

**完成尺寸**
寬59×高30×側身18cm

**原寸紙型**
A面

**材料**
表布（壓棉布）110cm×130cm
裡布（棉斜紋布）110cm×130cm
出芽帶 粗0.4cm 220cm／金屬標牌 1個
FLATKNIT拉鍊 48cm 1條

**壓線馬歇爾包**

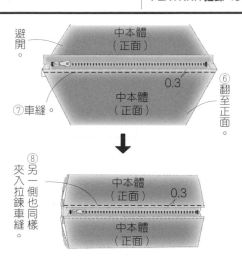

避開。

中本體（正面）

0.3

⑦車縫。

⑥翻至正面。

中本體（正面）

⑧另一側夾入拉鍊車縫也同樣。

中本體（正面）

0.3

中本體（正面）

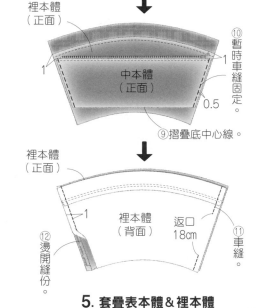

裡本體（正面）

1

中本體（正面）

⑩暫時車縫固定。

0.5

⑨摺疊底中心線。

裡本體（正面）

1

裡本體（背面）

返口18cm

⑪車縫。

⑫燙開縫份。

**5. 套疊表本體&裡本體**

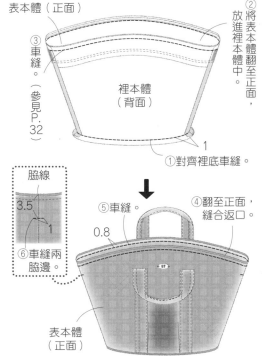

表本體（正面）

②將表本體翻至正面，放進裡本體中。

①車縫。（參見P.32）

裡本體（背面）

①對齊裡底車縫。

脇線
3.5
1
⑥車縫兩脇邊。

⑤車縫。

0.8

④翻至正面，縫合返口。

表本體（正面）

**3. 製作表本體**

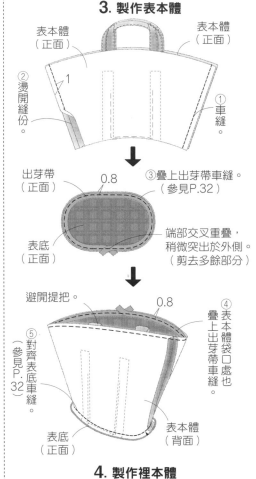

表本體（正面）

表本體（正面）

②燙開縫份。

1

①車縫。

出芽帶（正面）

0.8

③疊上出芽帶車縫。（參見P.32）

表底（正面）

端部交叉重疊，稍微突出於外側。（剪去多餘部分）

避開提把。

0.8

⑤對齊表底車縫。（參見P.32）

④表本體袋口處也疊上出芽帶車縫。

表底（正面）

表本體（背面）

**4. 製作裡本體**

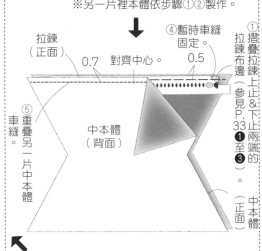

②車縫。

貼邊（正面）

內口袋（正面）
中心

⑤縫份倒向裡本體側

①貼邊&裡本體正面相對疊合。

7
0.5

中心

裡本體（正面）

③參見P.98・No.60 3.-⑦至⑩ 製作&接縫內口袋。

※另一片裡本體依步驟①②製作。

拉鍊（正面）

0.7 對齊中心。 0.5

④暫時車縫固定。

①摺疊拉鍊布邊（參見P.33 ❶至❸）。

⑤車縫。重疊另一片中本體。

中本體（背面）

①拉鍊布邊拉至上止&下止兩端的❶至❸。（正面）中本體

0.5

**裁布圖**

※提把&內口袋無原寸紙型，請依標示的尺寸（已含縫份）直接裁剪。

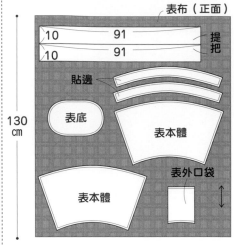

表布（正面）

| 10 | 91 | 提把 |
| 10 | 91 | 提把 |

貼邊

表底

表本體

表外口袋

表本體

130cm

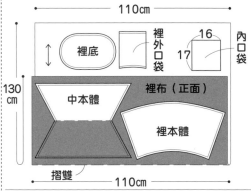

110cm

裡底

裡外口袋

16

17

內口袋

130cm

中本體

裡布（正面）

裡本體

摺雙

110cm

**1. 製作外口袋**
①參見P.98・No.60 1. 製作外口袋。

**2. 製作提把**
①參見P.98・No.60 2.-③ 製作提把。

②對摺車縫。

中心 0.3

提把（正面）

6 6

1.75

※另一條作法亦同。

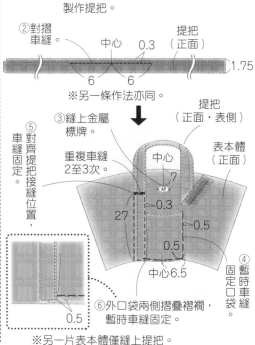

③縫上金屬標牌。

⑤對齊提把接縫位置車縫固定。

提把（正面・表側）

中心 7

重複車縫2至3次。

27

表本體（正面）

0.3

0.5

0.5

中心6.5

⑥外口袋兩側摺疊褶襉，暫時車縫固定。

④暫時車縫固定口袋。

※另一片表本體僅縫上提把。

| 完成尺寸 | 材料 |
|---|---|
| 寬32×高23×側身13cm（不含提把） | 表布（刺繡二重紗）110cm×60cm |
| 原寸紙型 | 裡布（棉布）110cm×60cm |
| A面 | 接著襯（薄）110cm×60cm |
| | 附提把手縫式口金（寬27cm×高9.5cm）1個 |

以相同作法縫合裡本體・裡底・裡側身。

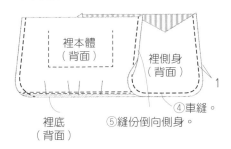

裡本體（背面）
裡側身（背面）
裡底（背面）
④車縫。
⑤縫份倒向側身。
1

### 4. 套疊表本體&裡本體

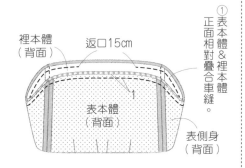

裡本體（背面）
返口15cm
①表本體&裡本體正面相對疊合車縫。
表本體（背面）
表側身（背面）
1

②翻至正面，內摺返口縫份。

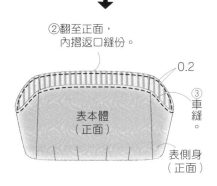

0.2
表本體（正面）
③車縫。
表側身（正面）

### 5. 安裝口金

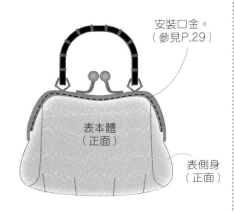

安裝口金。（參見P.29）
表本體（正面）
表側身（正面）

### 2. 製作本體

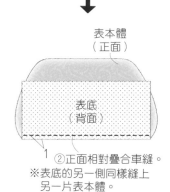

表本體（正面）
①摺疊褶襉，暫時車縫固定。
0.5

由斜線的高處往低處摺疊。

※另一片作法亦同。

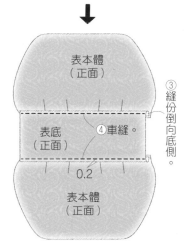

表本體（正面）
表底（背面）
1
②正面相對疊合車縫。
※表底的另一側同樣縫上另一片表本體。

表本體（正面）
表底（正面）
④車縫。
③縫份倒向底側。
0.2
表本體（正面）

※裡本體也依步驟①至④車縫。

### 3. 接縫側身

①表本體・表底・表側身正面相對疊合。

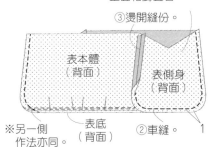

③燙開縫份。
表本體（背面）
表側身（背面）
表底（背面）
②車縫。
1
※另一側作法亦同。

### 〔裁布圖〕

※表・裡底無原寸紙型，請依標示的尺寸（已含縫份）直接裁剪。
※▨處需於背面燙貼接著襯。

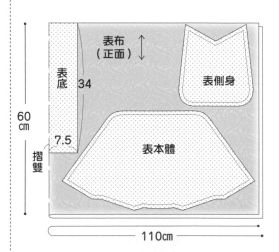

表布（正面）
表側身
表底 34
7.5
60cm
摺雙
表本體
110cm

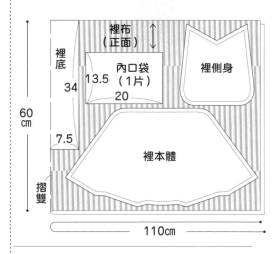

裡布（正面）
裡側身
裡底 34
內口袋（1片）13.5 20
7.5
60cm
摺雙
裡本體
110cm

### 1. 接縫內口袋

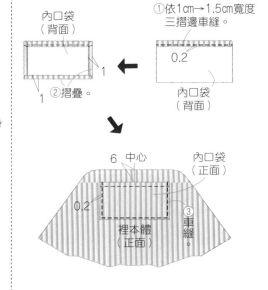

①依1cm→1.5cm寬度三摺邊車縫。
內口袋（背面）
0.2
1
②摺疊。
內口袋（背面）

6 中心
內口袋（正面）
0.2
裡本體（正面）
③車縫。

87

**完成尺寸**
寬34.5×高31.5×側身12cm
（不含提把）

**原寸紙型**
**A面**

**材料**
表布（牛津布）80cm×70cm／**合成皮提把** 45cm 1組
配布（亞麻布）80cm×80cm／**裡布**（棉布）85cm×80cm
接著襯（中薄）80cm×80cm／**接著襯**（厚）80cm×40cm
鋁管口金（寬25cm 高9cm）1個

**P.21** № **47**
**鋁管口金
手提袋**

**裁布圖**

※口布＆內口袋無原寸紙型，請依標示的尺寸
（已含縫份）直接裁剪。
※▨處需於背面燙貼薄接著襯。
※▦處需於背面燙貼厚接著襯。

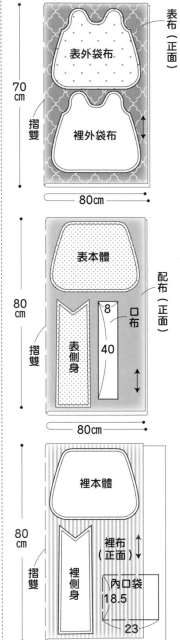

表布（正面）
70cm
表外袋布
裡外袋布
摺雙
80cm

配布（正面）
表本體
口布
表側身
8
40
摺雙
80cm

85cm
裡本體
裡布（正面）
裡側身
內口袋
18.5
23
摺雙
80cm

---

**4. 套疊表本體＆裡本體**

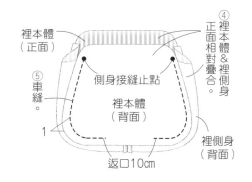

裡本體（正面）
④
⑤車縫。
裡本體＆裡側身正面相對疊合。
側身接縫止點
裡本體（背面）
1
裡側身（背面）
返口10cm

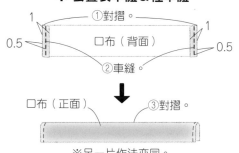

① 對摺。
1　1
0.5　0.5
口布（背面）
② 車縫。

口布（正面）
③ 對摺。
※另一片作法亦同。

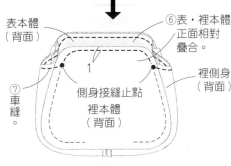

⑤暫時車縫固定，避開外袋布。
0.5
口布（正面）
口布接縫止點
口布接縫止點
④ 翻至正面。
表本體（正面）
口布摺雙側
表本體（正面）
表外袋布（正面）

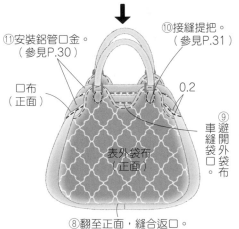

表本體（背面）
⑥表・裡本體正面相對疊合。
⑦車縫。
1
側身接縫止點
裡本體（背面）
裡側身（背面）

⑪安裝鋁管口金。（參見P.30）
⑩接縫提把。（參見P.31）
口布（正面）
0.2
⑨避開外袋布車縫。
表外袋布（正面）
⑧翻至正面，縫合返口。

---

**1. 製作外袋布**

0.2
④車縫。
④
③翻至正面。
表外袋布（正面）
裡外袋布（背面）
※另一片外袋布作法亦同。

表本體（正面）
表外袋布（正面）
⑤將外袋布疊至表本體上。
⑥暫時車縫固定。
0.5
※另一片表本體作法亦同。

**2. 接縫側身**

表側身（正面）
①車縫。
表側身（背面）
1

表側身（背面）　表側身（背面）
②燙開縫份。
※裡側身作法亦同。

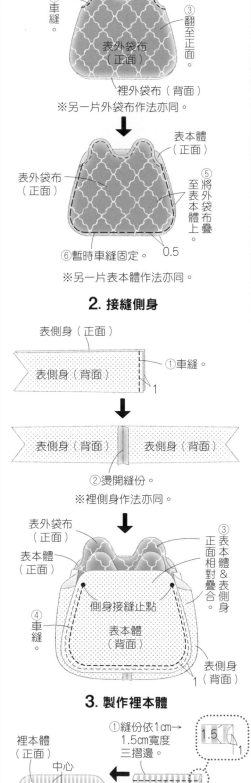

表外袋布（正面）
表本體（正面）
③表本體＆表側身正面相對疊合。
側身接縫止點
④車縫。
表本體（背面）
表側身（背面）
1

**3. 製作裡本體**

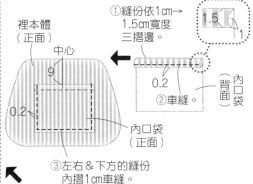

①縫份依1cm→1.5cm寬度三摺邊。
1.5
1
裡本體（正面）
中心
9
0.2
0.2
內口袋（正面）
②車縫。
內口袋（背面）
②車縫。
③左右＆下方的縫份內摺1cm車縫。

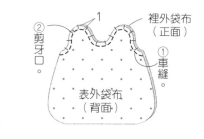

②剪牙口
1
裡外袋布（正面）
①車縫。
表外袋布（背面）

88

| 完成尺寸 | 材料 |
|---|---|
| 寬22×高16.5×側身12cm | 表布（牛津布）45cm×50cm |
| | 裡布（棉布）45cm×50cm／配布（亞麻布）40cm×20cm |
| **原寸紙型** | 接著襯（中薄）45cm×50cm |
| **A面** | 鋁管口金（寬20cm 高9.5cm）1個 |

## 鋁管口金波奇包

---

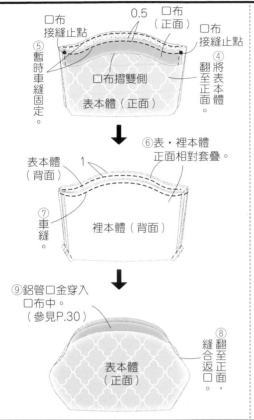

⑤暫時車縫固定。
口布接縫止點
0.5
口布（正面）
口布接縫止點
口布摺雙側
④翻至表本體
表本體（正面）

⑥表・裡本體正面相對套疊。
表本體（背面）
1
⑦車縫。
裡本體（背面）

⑨鋁管口金穿入口布中。（參見P.30）
⑧翻至正面，縫合返口。
表本體（正面）

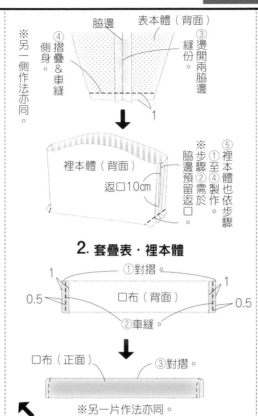

※另一側作法亦同。
脇邊
表本體（背面）
④側身
③縫份
④摺疊＆車縫
燙開兩脇邊
1

※①至④製作。
⑤裡本體也依步驟①至④製作。
※脇邊預留返口。
裡本體（背面）
返口10cm

### 2. 套疊表・裡本體
1
①對摺。
1
0.5
口布（背面）
0.5
②車縫。
口布（正面）
③對摺。
※另一片作法亦同。

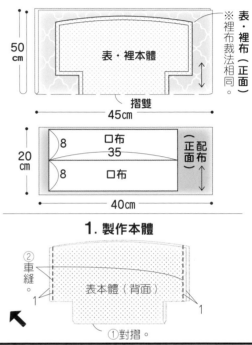

（裁布圖）

※口布無原寸紙型，請依標示的尺寸（已含縫份）直接裁剪。
※▨▨▨處需於背面燙貼接著襯（僅表本體）。

50cm
表・裡本體
※表・裡布裁法相同（正面）。
摺雙
45cm

20cm
8
口布
35
8
口布
40cm
正面配布

### 1. 製作本體

②車縫。
表本體（背面）
1
①對摺。
1

---

| 完成尺寸 | 材料（ ■…No.46・ ■…No.63・ ■…共用） |
|---|---|
| No.46：寬17×高18.5×側身3cm | 表布（刺繡二重紗）50cm×25cm |
| No.63：寬14×高15.5×側身3cm | （粗花呢）35cm×33cm 1片 |
| **原寸紙型** | 裡布（棉布）50cm×25cm・35cm×25cm／布標 1片 |
| **A面** | 接著襯（薄）50cm×25cm・35cm×25cm |
| | 手縫式口金（寬12.5cm×高7cm |
| | 寬9.5cm×高6cm）各1個 |

## 手縫式 口金波奇包

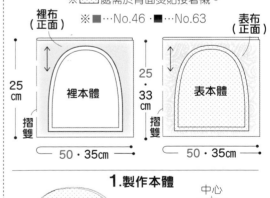

---

④返口內摺車縫。
0.2
表本體（正面）
③翻至正面。

### 3. 安裝口金

縫接口金。（參見P.29）
表本體（正面）

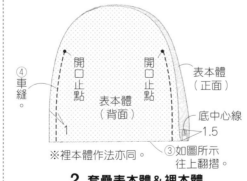

④車縫。
開口止點
開口止點
表本體（背面）
底中心線
1.5
1
※裡本體作法亦同。
③如圖所示往上翻摺。

### 2. 套疊表本體＆裡本體

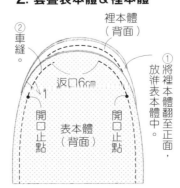

②車縫
裡本體（背面）
返口6cm
①將裡本體翻至正面，放進表本體中。
開口止點
表本體（背面）
開口止點
1

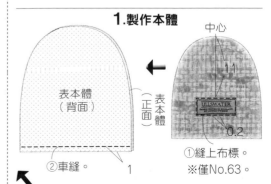

（裁布圖）
※▨▨▨處需於背面燙貼接著襯。

※■…No.46・ ■…No.63
裡布（正面）
表布（正面）

25cm
裡本體
摺雙
50・35cm

25・33cm
表本體
摺雙
50・35cm

### 1. 製作本體

中心
11
表本體（背面）
表本體（正面）
0.2
①縫上布標。
※僅No.63。
②車縫。
1

| 完成尺寸 | 材料 | |
|---|---|---|
| 寬38×高38×側身20cm | 表布（緹花布）130cm×55cm |  |
| | 裡布（棉布）70cm×110cm | **購物袋** |
| **原寸紙型** | 接著襯（soft）70cm×110cm | |
| **無** | 軟皮革帶 寬4cm 40cm 2條 | |

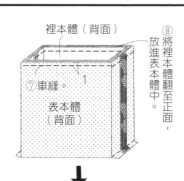

裡本體（背面）
⑧放進表本體翻至正面，
將裡本體翻至正面
⑦車縫。
1
表本體（背面）

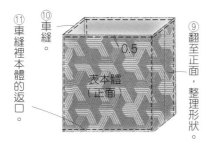

⑪車縫裡本體的返口。
⑩車縫。
0.5
表本體（正面）
⑨翻至正面，整理形狀。

### 3. 接縫提把

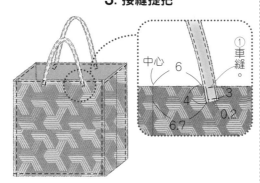

中心
6
4
6.7
3
0.2
①車縫

### 2. 製作本體

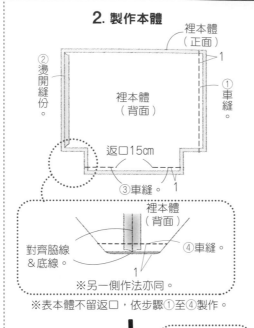

裡本體（正面）
②燙開縫份。
裡本體（背面）
1
①車縫。
返口15cm
③車縫。
1

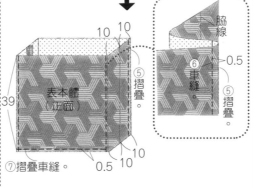

裡本體（背面）
對齊脇線&底線。
④車縫。
1
※另一側作法亦同。
※表本體不留返口，依步驟①至④製作。

10 10
脇線
⑥車縫。
0.5
表本體（正面）
39
⑤摺疊。
⑤摺疊。
10
⑦摺疊車縫。
0.5 10

※另一側也依⑤至⑦車縫。
※裡本體也依⑤至⑦車縫。

### 裁布圖

※標示的尺寸已含縫份。
※ 處需於背面燙貼接著襯。

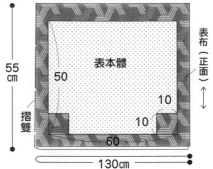

55cm
摺雙
表布（正面）
表本體
50
10
10
60
130cm

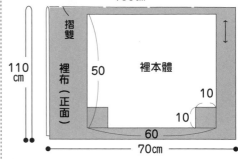

摺雙
110cm
裡布（正面）
裡本體
50
10
10
60
70cm

### 1. 製作提把

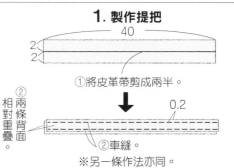

40
2
2
①將皮革帶剪成兩半。

②相對背面重疊
0.2
②車縫。
※另一條作法亦同。

---

| 完成尺寸 | 材料 | |
|---|---|---|
| 寬21.5×高12cm | 表布（緹花布）55cm×20cm | |
| | 裡布（棉布）55cm×20cm | **扁平波奇包** |
| **原寸紙型** | 金屬拉鍊 20cm 1條 | |
| **A面** | | |

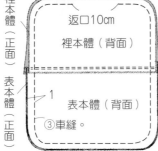

裡本體（正面）
返口10cm
裡本體（背面）
表本體（正面）
1
表本體（背面）
③車縫。

④翻至正面，縫合返口。

### 1. 接縫拉鍊&製作本體

參見P.33「波奇包的拉鍊縫法」接縫拉鍊。

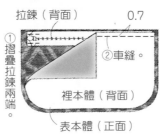

拉鍊（背面）
0.7
①摺疊拉鍊兩端。
②車縫。
裡本體（背面）
表本體（正面）

### 裁布圖

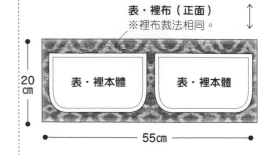

表・裡布（正面）
※裡布裁法相同。
20cm
表・裡本體
表・裡本體
55cm

**完成尺寸**

寬57×高32×側身25cm

**原寸紙型**

無

**材料**

**表布**（亞麻混嫘縈）130cm×50cm／**裡布**（亞麻布）105cm×100cm

**接著襯**（medium）92cm×100cm／**底板** 35cm×25cm

**磁釦** 1.8cm 1組／**織帶提把** 寬3.8cm 100cm

**問號鉤** 15mm 1個／**D型環** 15mm 1個

---

## 4. 製作裡本體

①在兩片裡本體磁釦安裝位置皆燙貼接著襯。

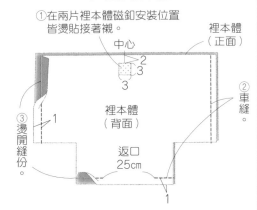

中心

裡本體（正面）

②車縫。

③燙開縫份。

裡本體（背面）

返口 25cm

④以表本體相同作法摺疊＆車縫側身。

## 5. 套疊表本體＆裡本體

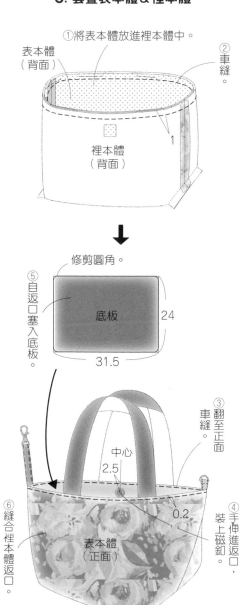

①將表本體放進裡本體中。

表本體（背面）

②車縫。

裡本體（背面）

修剪圓角。

⑤自返口塞入底板。

底板 24 31.5

⑥縫合裡本體返口。

中心 2.5

③車縫。翻至正面。

④裝上磁釦，手伸進返口。

表本體（正面）

0.2

## 3. 製作本體

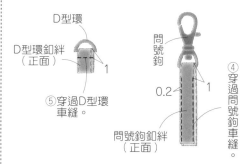

表本體（正面）

①車縫。

②燙開縫份。

表本體（背面）

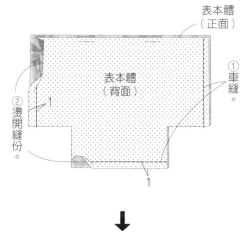

※另一側作法亦同。

表本體（背面）

③摺疊＆車縫側身。

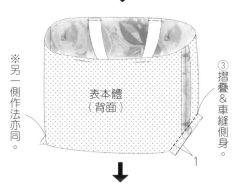

0.5 脇線

問號鉤釦絆（正面）

表本體（正面）

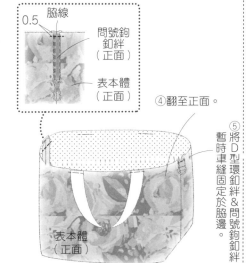

④翻至正面。

⑤將D型環釦絆＆問號鉤釦絆暫時車縫固定於脇邊。

表本體（正面）

---

D型環

D型環釦絆（正面）

⑤穿過D型環車縫。

問號鉤

0.2

問號鉤釦絆（正面）

④穿過問號鉤車縫。

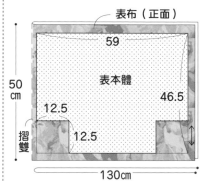

## 裁布圖

※標示的尺寸已含縫份。

※▨處需於背面燙貼接著襯。

表布（正面）

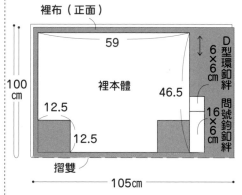

59

50cm

12.5

12.5

46.5

摺雙

130cm

裡布（正面）

59

100cm

12.5

12.5

46.5

摺雙

105cm

D型環釦絆 6×6cm

問號鉤釦絆 16×6cm

---

## 1. 接縫提把

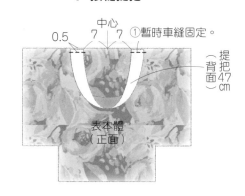

中心

0.5 7 7

①暫時車縫固定。

提把（背面）47cm

表本體（正面）

※另一片也以相同作法接縫提把。

## 2. 製作釦絆

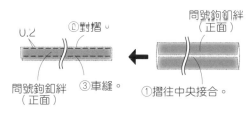

問號鉤釦絆（正面）

0.2 ⓒ對摺

問號鉤釦絆（正面）

③車縫。

①摺往中央接合。

※D型環釦絆作法亦同。

| 完成尺寸 | 材料 |
|---|---|
| 寬30×高26×側身6cm | 表布（亞麻混嫘縈）130cm×50cm |
| 原寸紙型 | 裡布（亞麻布）110cm×50cm |
| B面 | |

**手腕包**

## 2. 車縫提把

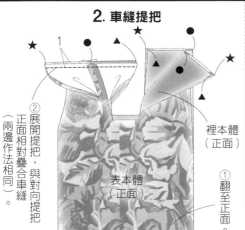

②展開提把，正面相對疊合車縫（兩邊作法相同）。

裡本體（正面）

①翻至正面。

表本體（正面）

★ ● ▲ 1

③展開提把，與對向提把正面相對疊合車縫。

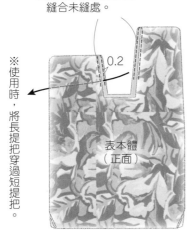

③翻至正面整理形狀，縫合未縫處。

0.2

表本體（正面）

※使用時，將長提把穿過短提把。

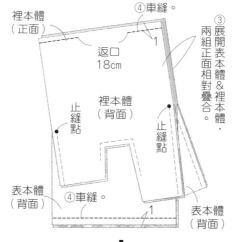

裡本體（正面）

④車縫。

返口 18cm

裡本體（背面）

止縫點

③展開表本體＆裡本體，兩組正面相對疊合。

表本體（背面）

④車縫。 1

表本體（背面）

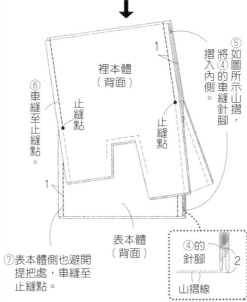

裡本體（背面）

止縫點

⑥車縫至止縫點。

1

止縫點

止縫點

1

表本體（背面）

⑤如圖所示山摺，將④的車縫針腳摺入內側。

⑦表本體側也避開提把處，車縫至止縫點。

④的針腳

2

山摺線

## 裁布圖

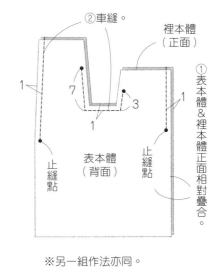

※表・裡布裁法相同。

表・裡本體（正面）

50 cm

摺雙

130・110 cm

## 1. 疊合表本體＆裡本體

②車縫。

裡本體（正面）

1 7 3 1

止縫點 1 止縫點

表本體（背面）

①表本體＆裡本體正面相對疊合。

※另一組作法亦同。

---

| 完成尺寸 | 材料（ ┃…M・■…L・■…共用） |
|---|---|
| M：寬18×高35×側身10cm | 表布（8號帆布）65cm×100cm・65cm×150cm |
| L：寬30×高55×側身20cm | 雙面提把 寬2.5cm 90cm・寬3cm 150cm |
| 原寸紙型 | 塑膠插扣 寬2.5cm・寬3cm 各1組 |
| 無 | |

**插扣包 M・L**

## 2. 接縫提把

③將88cm・144cm雙面提把穿過塑膠插扣。

②內摺。

5 0.5 3.5 5
7 0.2 0.5
10 ④車縫。

本體（正面）

①翻至正面。

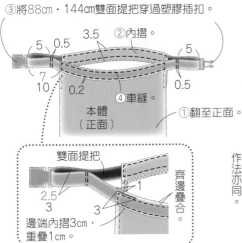

雙面提把

2.5 3 3

邊端內摺3cm，重疊1cm。

齊邊疊合 1

0.5 ⑤車縫。 止縫點

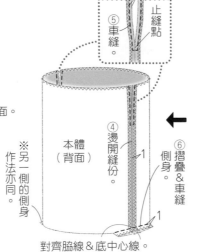

本體（背面）

④燙開縫份。

側身。

※另一側的側身作法亦同。

1

對齊脇線＆底中心線。

## 1. 製作本體

①周圍Z字形車縫。

本體（正面）

10.5 13.5

止縫點

本體（背面）

1

②車縫。

⑥摺疊＆車縫

③燙開縫份。

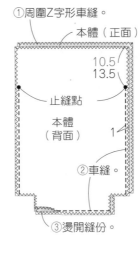

## 裁布圖

※標示的尺寸已含縫份。
※■…M・■…L

表布（正面）↕

30 52

100 cm ～ 150 cm

45.5 69.5 本體

5 10

5 10

摺雙

65cm

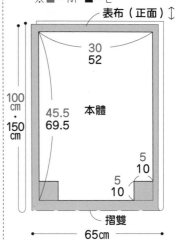

| 完成尺寸 |
| --- |
| 寬30×高29×側身11cm |

| 原寸紙型 |
| --- |
| B面 |

**材料**
表布（亞麻混嫘縈）130cm×40cm
裡布（亞麻布）105cm×60cm

P.24_ №**53**
**縱長圓弧包**

## 4. 套疊表本體&裡本體

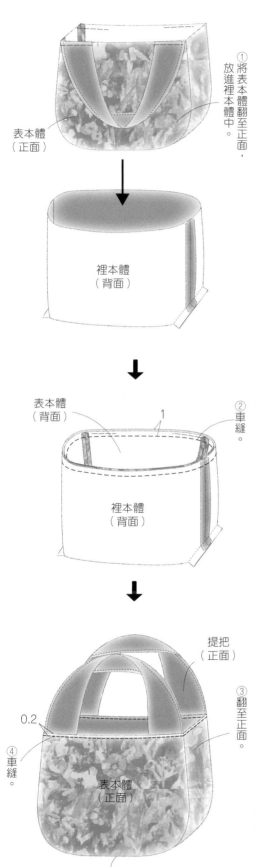

表本體（正面）

① 將表本體翻至正面，放進裡本體中。

裡本體（背面）

表本體（背面）

裡本體（背面）

② 車縫。

①

提把（正面）

0.2

④ 車縫。

表本體（正面）

③ 翻至正面。

⑤ 縫合返口。

## 2. 製作表本體

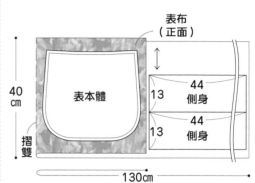

側身（正面）

側身（背面）

① 車縫。

② 燙開縫份。

表本體（正面）

側身（背面）

③ 車縫。

1

表本體（正面）

⑤ 燙開縫份。

表本體（背面）

側身（背面）

④ 以相同作法車縫另一片表本體。

## 3. 製作裡本體

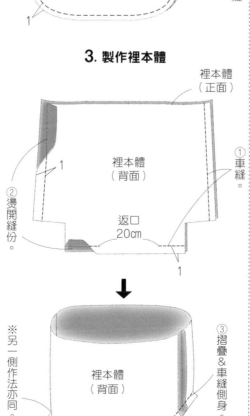

裡本體（正面）

裡本體（背面）

① 車縫。

② 燙開縫份。

返口 20cm

1

裡本體（背面）

※ 另一側作法亦同。

③ 摺疊&車縫側身。

1

## 裁布圖

※ 側身・提把無原寸紙型，請依標示的尺寸（已含縫份）直接裁剪。

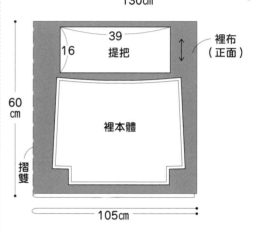

表布（正面）

40cm

摺雙

表本體

13 44 側身
13 44 側身

130cm

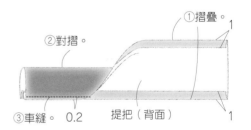

裡布（正面）

60cm

摺雙

39
16 提把

裡本體

105cm

## 1. 接縫提把

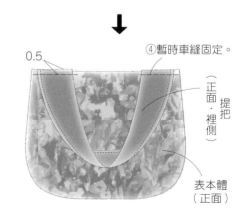

② 對摺。

① 摺疊。

1

③ 車縫。 0.2

提把（背面）

1

0.5

④ 暫時車縫固定。

（正面・裡側）

提把

表本體（正面）

※ 另一片也以相同作法接縫提把。

**完成尺寸**
寬28×高22.5×側身16cm

**原寸紙型**
B面

**材料**
表布（亞麻混嫘縈）130 cm×30cm
配布（亞麻布）105cm×25cm／裡布（棉麻）110cm×35cm
接著襯（medium）92cm×50cm
磁釦 1.8cm 1組

## 4. 車縫底部

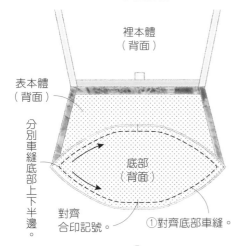

裡本體（背面）
表本體（背面）
分別車縫底部上下半邊。
底部（背面）
對齊合印記號。
①對齊底部車縫。

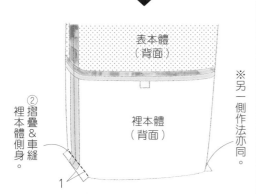

表本體（背面）
②摺疊＆車縫裡本體側身。
裡本體（背面）
1
※另一側作法亦同。

## 5. 完成！

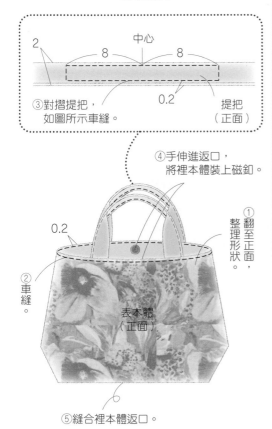

2
中心
8　8
0.2
③對摺提把，如圖所示車縫。
提把（正面）

④手伸進返口，將裡本體裝上磁釦。
①整理形狀。
0.2
②車縫。
表本體（正面）
⑤縫合裡本體返口。

## 3. 接縫表本體＆裡本體

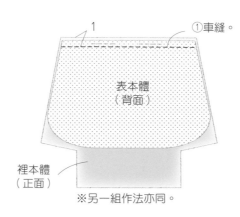

1
①車縫。
表本體（背面）
裡本體（正面）
※另一組作法亦同。

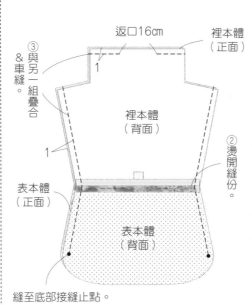

返口16cm
裡本體（正面）
③與另一組疊合＆車縫。
裡本體（背面）
1
表本體（正面）
②燙開縫份。
表本體（背面）
縫至底部接縫止點。

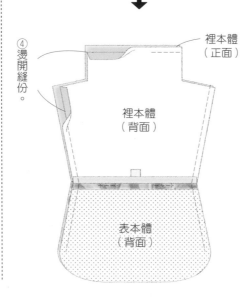

④燙開縫份。
裡本體（正面）
裡本體（背面）
表本體（背面）

## 裁布圖

※提把無原寸紙型，請依標示的尺寸（已含縫份）直接裁剪。
※▨▨▨處需於背面燙貼接著襯。

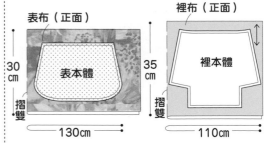

表布（正面）
表本體
30cm
摺雙
130cm

裡布（正面）
裡本體
35cm
摺雙
110cm

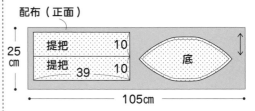

配布（正面）
提把　10
提把　39　10
底
25cm
105cm

## 1. 縫製前的準備

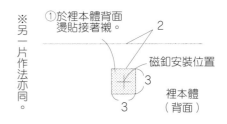

※另一片作法亦同。
①於裡本體背面燙貼接著襯。
2
磁釦安裝位置
3
3
裡本體（背面）

## 2. 接縫提把

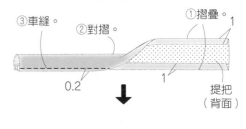

③車縫。
②對摺。
①摺疊。
1
0.2
1
提把（背面）

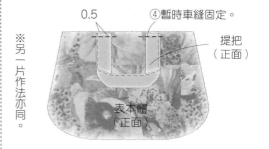

0.5
④暫時車縫固定。
提把（正面）
表本體（正面）
※另一片作法亦同。

| 完成尺寸 | 材料 |
|---|---|
| 寬38×高18×側身11cm | 表布（亞麻混嫘縈）130cm×30cm |
| | 裡布（棉麻布）110cm×50cm／拉鍊 35cm 1條 |
| **原寸紙型** | 接著襯（medium）92cm×50cm／織帶 寬3.8cm 150cm |
| **B面** | 口型環 38mm 1個／日型環 38mm 1個 |

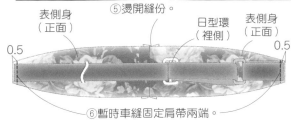

⑤燙開縫份。
表側身（正面）
日型環（裡側）
表側身（正面）
0.5　0.5
⑥暫時車縫固定肩帶兩端。

## 3. 接縫表本體＆裡本體

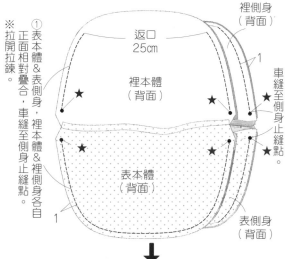

※拉開拉鍊。
①表本體＆表側身，裡本體＆裡側身正面相對疊合，車縫至側身止縫點。
返口 25cm
裡本體（背面）
裡側身（背面）
1
車縫至側身止縫點。
★ ★ ★ ★
表本體（背面）
1
表側身（背面）

②各自對齊側身＆本體★記號，表側身‧裡側身袋口處正面相對疊合＆縫合。

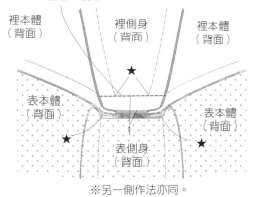

裡本體（背面）
裡側身（背面）
裡本體（背面）
★
表本體（背面）
1
表本體（背面）
★ ★
表側身（背面）

※另一側作法亦同。

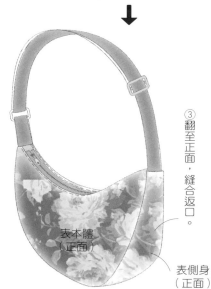

③翻至正面，縫合返口。
表本體（正面）

### 裁布圖

表布（正面）
表拉鍊擋布 3.7×3.5cm
表側身
表本體
表側身
30cm
摺雙
130cm

裡布（正面）
裡拉鍊擋布 3.7×3.5cm
裡側身
50cm
摺雙
裡本體
110cm

※表‧裡拉鍊擋布無原寸紙型，請依標示的尺寸（已含縫份）直接裁剪。
※▨處需於背面燙貼接著襯。

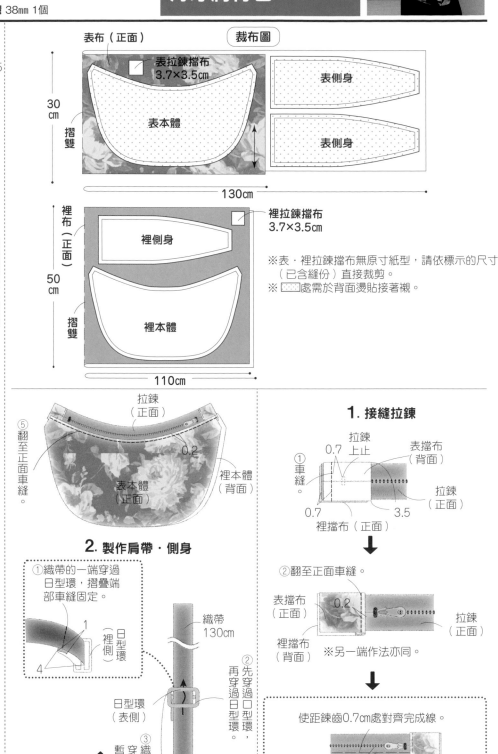

⑤翻至正面車縫。
拉鍊（正面）
0.2
表本體（正面）
裡本體（背面）

## 2. 製作肩帶‧側身

①織帶的一端穿過日型環，摺疊端部車縫固定。
1
（裡側）
4
日型環
②先穿過口型環，再穿過日型環。
織帶 130cm
日型環（表側）
③織帶穿過口型環，暫時車縫固定端部。
日型環
織帶（19cm）口型環對摺後對齊。
口型環
織帶 19cm
③表側身（正面）
④兩片表側身正面相對疊合車縫。
表側身（背面）
1
表側身（背面）
1
※裡側身作法亦同。

## 1. 接縫拉鍊

①車縫
0.7　拉鍊上止
表擋布（背面）
拉鍊（正面）
0.7　3.5
裡擋布（正面）

②翻至正面車縫。
表擋布（正面）0.2
拉鍊（正面）
裡擋布（背面）
※另一端作法亦同。

使距鍊齒0.7cm處對齊完成線。
0.7

④表本體＆裡本體正面相對疊合車縫。
③暫時車縫固定。
對齊中心　0.3
1
裡本體（背面）
表本體（正面）
背面
拉鍊
※另一側作法亦同。

| 完成尺寸 | 材料 |
|---|---|
| 寬35×高25×側身26cm | 表布（亞麻混嫘縈）130cm×60cm |
| | 裡布（亞麻布）105cm×60cm |
| **原寸紙型** | 接著襯（medium）92cm×70cm |
| **B面** | 皮革帶 寬2.5cm 120cm／磁釦 1.8cm 1組 |
| | 彈簧壓釦 15mm 2組／底板 35×17cm |

## 寬側身托特包

### 3. 套疊表本體＆裡本體

②將裡本體翻至正面，放進表本體中。

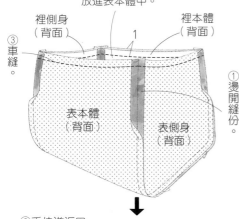

③車縫。
裡側身（背面）
裡本體（背面）
表本體（背面）
表側身（背面）
①燙開縫份。
1

⑥手伸進返口，將裡本體裝上磁釦。

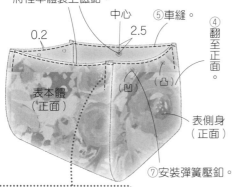

中心
⑤車縫。
0.2
2.5
④翻至正面。
（凹）（凸）
表本體（正面）
表側身（正面）
⑦安裝彈簧壓釦。

5
1
⑧如圖所示摺疊，並沿針腳位置車縫。

### 4. 接縫提把

修剪圓角。
17
底板
35
②從返口塞入底板，縫合返口。

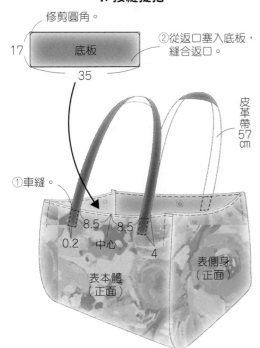

皮革帶 57cm
①車縫。
8.5　8.5
0.2　中心
4
表側身（正面）
表本體（正面）

---

### 裁布圖

※表・裡本體＆底無原寸紙型，請依標示的尺寸（已含縫份）直接裁剪。
※▨▨處需於背面燙貼接著襯。

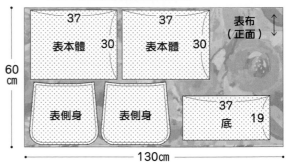

裡布（正面）
60cm
摺雙
37
裡本體 38.5
105cm
裡側身
裡側身

37　37　表布（正面）
表本體 30　表本體 30
60cm
表側身　表側身　37 底 19
130cm

---

### 2. 製作裡本體

表側身（正面）
表本體（正面）
⑤對齊側身車縫。
表本體（背面）
表側身（背面）
1

①在兩片裡本體磁釦安裝位置燙貼接著襯。
中心
2
3
裡本體（背面）
裡本體（正面）
②車縫。
返口 23cm
1
③燙開縫份。

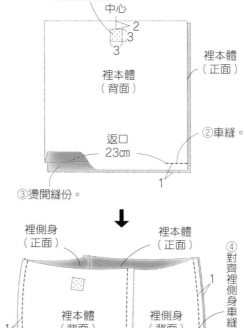

裡側身（正面）
裡本體（正面）
④對齊裡側身車縫。
裡本體（背面）
裡側身（背面）
1

---

### 1. 製作表本體

②另一側也縫上另一片表本體。
表本體（正面）
底（背面）
1
①車縫。

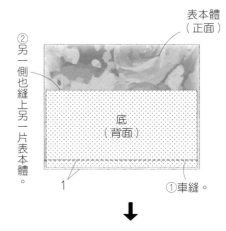

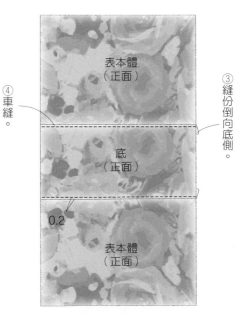

表本體（正面）
③縫份倒向底側。
底（正面）
④車縫。
0.2
表本體（正面）

| 完成尺寸 | 材料 | P.36_ No. 57 |
|---|---|---|

寬31×高約46×側身13cm

表布（8號帆布）68cm×170cm

原寸紙型

**A面**

裡布（棉布）110cm×85cm

合成皮滾邊條 寬22mm 360cm

按釦 0.7cm 1組

**單肩托特包**

## 4. 套疊表本體＆裡本體

①將裡本體放進表本體中。

裡本體（正面）

0.5

②暫時車縫固定。

表本體（正面）

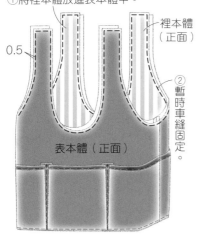

## 5. 完成！

②燙開縫份。

①車縫。

1

③以合成皮條進行滾邊車縫。（參見P.32）

合成皮條（正面）

依圖示摺疊端部＆接合。

1

表本體（正面）

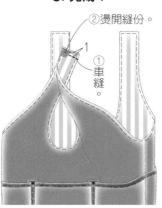

④對摺提把手持處。

⑤車縫。

0.2

9　9

表本體（正面）

※另一側提把作法亦同。

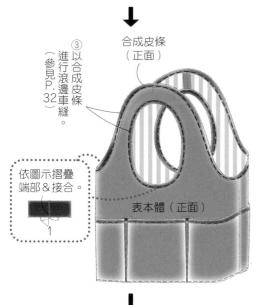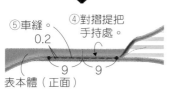

---

表本體（正面）

1

2

表本體（正面）

0.5

表口袋（正面）

0.2

⑦暫時車縫固定。

⑥摺疊褶襉車縫。

※另一片作法亦同。

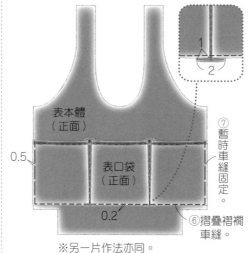

## 2. 製作表本體＆裡本體

表本體（正面）

②燙開縫份。

1

表本體（背面）

①車縫。

※另一邊的側身作法亦同。

③車縫。

1

脇線

表本體（背面）

表本體（背面）

對齊脇線＆底中心線。

1

※裡本體作法亦同。

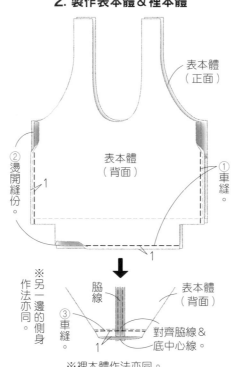

## 3. 製作釦絆

④車縫。

1.2

0.2

⑤縫上按釦。

③摺疊。

②摺往中央接合。

①摺疊

釦絆（正面）

1

※製作2條。

⑥暫時車縫固定釦絆。

中心

裡本體（正面）

0.5

中心

對齊兩邊的暗釦位置

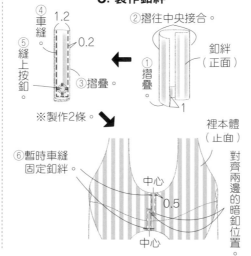

---

※除了表·裡本體之外皆無原寸紙型，請依標示的尺寸（已含縫份）直接裁剪。

**表·裡布（正面）**

※裡布縱向摺雙，以相同配置裁剪。

170cm

表·裡本體

釦絆 5×7cm（僅裡布）

54

18

表口袋

摺雙　68cm

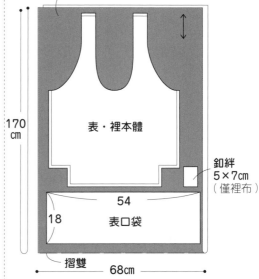

## 1. 接縫口袋

①表·裡口袋背面相對疊合。

②以合成皮條進行滾邊車縫。（參見P.32）

0.2

表口袋（正面）

2　2

15　　16　　15

1

④在分隔線＆褶襉位置作記號。

③底側的縫份摺入裡側。

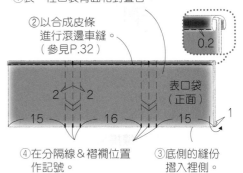

表本體（正面）

中心

8　8

表口袋（正面）

⑤車縫分隔線。

1

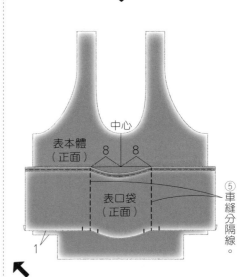

## 完成尺寸
寬34×高40×側身12cm

## 原寸紙型
A面

## 材料
表布（壓棉布）110cm×110cm／配布A（亞麻布）50cm×15cm
配布B（牛津布）45cm×40cm／裡布（11號帆布）110cm×80cm
出芽帶 粗芯（0.3cm）290cm／雙開拉鍊 60cm 1條
人字帶 寬2.5cm 290cm／皮革 10cm×10cm／單面固定釦 0.6cm 8組

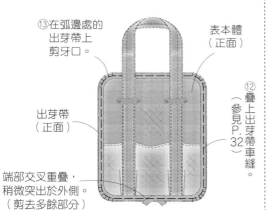

⑬在弧邊處的出芽帶上剪牙口。

表本體（正面）

出芽帶（正面）

⑫疊上出芽帶車縫。（參見P.32）

端部交叉重疊，稍微突出於外側。（剪去多餘部分）

※另一片不接縫外口袋＆內口袋，其餘作法亦同。

### 4.製作側身

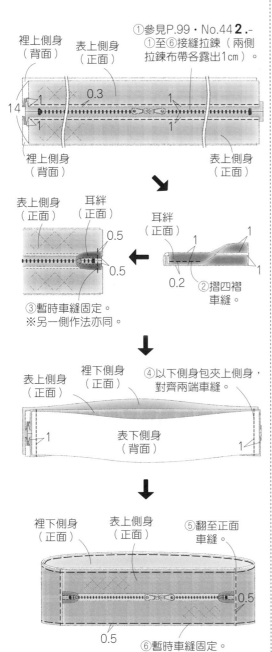

①參見P.99・No.44 2.-①至⑥接縫拉鍊（兩側拉鍊布帶各露出1cm）。

裡上側身（背面）　表上側身（正面）

14　1　0.3　1

裡上側身（背面）　表上側身（正面）

表上側身（正面）　耳絆（正面）

0.5　0.5

耳絆（正面）

0.2　1　1

②摺四褶車縫。

③暫時車縫固定。※另一側作法亦同。

裡下側身（正面）　表上側身（正面）

④以下側身包夾上側身，對齊兩端車縫。

表下側身（背面）

1　1

裡下側身（正面）　表上側身（正面）

⑤翻至正面車縫。

0.5

⑥暫時車縫固定。

0.5

---

0.2
1　0.3　3.5
3
0.2　※裡側

③摺疊車縫。

提把A（正面）　提把B（正面）　提把A（正面）

### 3.製作本體

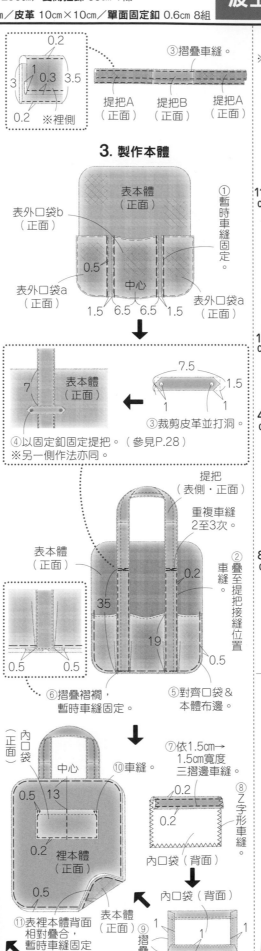

表本體（正面）

表外口袋b（正面）

①暫時車縫固定。

0.5

表外口袋a（正面）　中心

1.5　6.5　6.5　1.5

表外口袋a（正面）

---

7　表本體（正面）

7.5　1.5
1　1

③裁剪皮革並打洞。

④以固定釦固定提把。（參見P.28）
※另一側作法亦同。

---

提把（表側・正面）

表本體（正面）

重複車縫2至3次。

②車縫。

②疊至提把接縫位置。

35　0.2

19

0.5

0.5　0.5

⑥摺疊褶襇，暫時車縫固定。

⑤對齊口袋＆本體布邊。

---

（正面）內口袋

⑩車縫。

中心

0.5　13

0.2

裡本體（正面）

0.5

⑪表裡本體背面相對疊合，暫時車縫固定（避開提把）。

⑦依1.5cm至1.5cm寬度三摺邊車縫。

0.2
0.2

⑧Z字形車縫。

內口袋（背面）

內口袋（背面）

表本體（正面）

⑨摺疊

1　1
1　1

---

### 裁布圖

※除了表・裡本體＆表・裡外袋a之外皆無原寸紙型，請依標示的尺寸（已含縫份）直接裁剪。

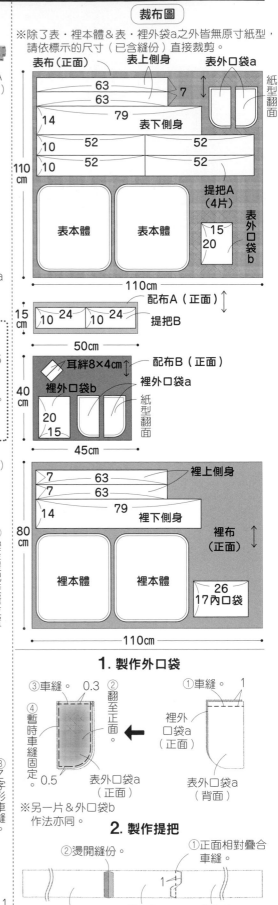

表布（正面）　表上側身　表外口袋a　紙型翻面

63
63　7
14　79　表下側身
10　52　52
10　52　52

110cm

提把A（4片）

表本體　表本體

表外口袋b

15　20

110cm

配布A（正面）
15cm
10　24　10　24
提把B
50cm

配布B（正面）
耳絆8×4cm
裡外口袋b　裡外口袋a
40cm
20　15
紙型翻面
45cm

裡上側身
7　63
7　63
14　79　裡下側身
80cm
裡布（正面）

裡本體　裡本體

26　17內口袋

110cm

### 1.製作外口袋

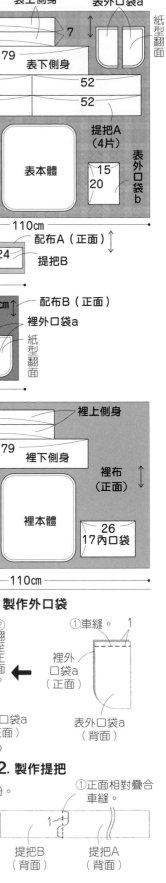

③車縫　0.3　②翻至正面　①車縫　1

④暫時車縫固定。

裡外口袋a（正面）

0.5

表外口袋a（正面）　表外口袋a（背面）

※另一片＆外口袋b作法亦同。

### 2.製作提把

②燙開縫份　①正面相對疊合車縫。

1
提把A（背面）　提把B（背面）　提把A（背面）

**5. 接縫本體&側身**

表本體（正面）

④翻至正面。

2
1
邊端內摺1cm，重疊2cm。（剪去多餘部分）

人字帶（正面）

裡上側身（正面）　拉開拉鍊。

①（參見P.32）對齊側身&本體車縫

裡本體（正面）

裡本體（正面）
1.2
0.5

③對摺人字帶，包夾縫份車縫。

裡下側身（正面）

②Z字形車縫。
1

表下側身（正面）

---

| 完成尺寸 | 材料 | P.19_ No.44 |
|---|---|---|
| 寬22×高11×側身6cm | 表布（壓棉布）70cm×30cm／配布（棉斜紋布）15cm×15cm | **壓線波奇包** |
| **原寸紙型** | 裡布（棉牛津布）70cm×30cm／拉鍊 28cm 1條 | |
| **A面** | 出芽帶 粗芯（0.4cm）130cm／人字帶 寬2.5cm 130cm | |
| | 人字帶 寬1cm 10cm／D型環 10mm 2個 | |

---

## 3. 縫合本體&側身

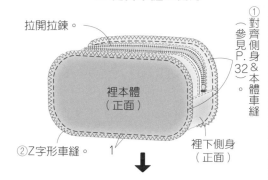

拉開拉鍊。

①（參見P.32）對齊側身&本體車縫

裡本體（正面）

②Z字形車縫。
1

裡下側身（正面）

2
1
邊端內摺1cm，重疊2cm。（剪去多餘部分）

人字帶（正面）

裡本體（正面）
1
0.3

③以人字帶（寬2cm）包捲縫份車縫。

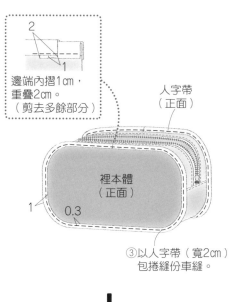

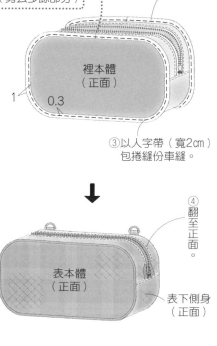

④翻至正面。

表本體（正面）

表下側身（正面）

## 2. 製作側身

①使距鍊齒0.8cm（No.60為1cm）的位置，對齊於布邊內側1cm處。

②暫時車縫固定。

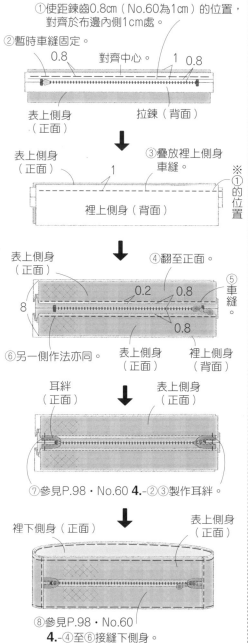

0.8　對齊中心。　1　0.8

表上側身（正面）　　拉鍊（背面）

③疊放裡上側身車縫。

表上側身（正面）
1

裡上側身（背面）

※①的位置

④翻至正面。

表上側身（正面）　0.2　0.8　⑤車縫。

8
0.8

裡上側身（背面）　表上側身（正面）

⑥另一側作法亦同。

耳絆（正面）　表上側身（正面）

⑦參見P.98・No.60 4.-②③製作耳絆。

裡下側身（正面）　表上側身（正面）

⑧參見P.98・No.60
4.-④至⑥接縫下側身。

## 裁布圖

※除了表・裡本體之外皆無原寸紙型，請依標示的尺寸（已含縫份）直接裁剪。

表・裡布（正面）
※裡布裁法相同。

配布（正面）
15cm
耳絆（2片）6×3.5cm
15cm

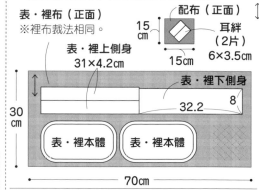

表・裡上側身 31×4.2cm

30cm

表・裡下側身
32.2　8

表・裡本體　表・裡本體

70cm

## 1. 製作本體

0.5

表本體（正面）

裡本體（正面）

①表本體&裡本體背面相對重疊，暫時車縫固定。

②穿過D型環，暫時車縫固定。
※製作2個。

D型環
人字帶 寬1cm 長3.5cm
0.5

⑤將D型環，暫時車縫固定。

③疊上出芽帶車縫（參見P.32）。

0.5　中心　6.5　6.5

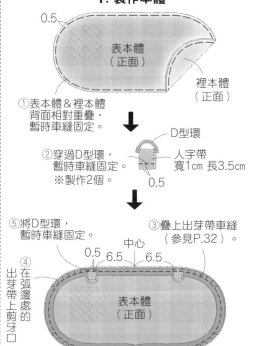

表本體（正面）

④在弧邊處的出芽帶上剪牙口。

出芽帶（正面）

端部交叉重疊，稍微突出於外側。（剪去多餘部分）

※另一組不接縫D型環吊耳，其餘作法亦同。

| 完成尺寸 | 材料 | |
|---|---|---|
| 寬25×高27×側身5cm（不含提把） | **表布**（粗花呢）35cm×33cm 2片 | |

**完成尺寸**
寬25×高27×側身5cm
（不含提把）

**原寸紙型**
A面

**材料**
**表布**（粗花呢）35cm×33cm 2片
**裡布**（亞麻布）70cm×40cm
**接著襯**（中薄）70cm×35cm
**竹製提把**（接縫位置12cm）1組／**布標** 1片

P.40_ No.61
**竹節提把祖母包**

⑤兩片一起摺疊褶襇，暫時車縫固定。
（褶襇摺法參見P.87）

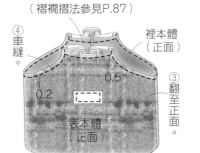

④車縫。
裡本體（正面）
③翻至正面。
0.5
0.2
表本體（正面）

**3. 完成！**

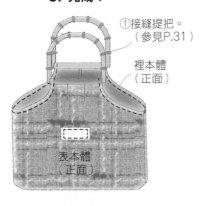

①接縫提把。（參見P.31）
裡本體（正面）
表本體（正面）

**1. 製作本體**

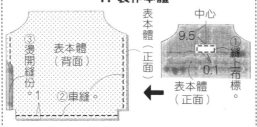

③燙開縫份。
表本體（背面）
中心
9.5
①縫上布標。
0.1
②車縫
表本體（正面）

※裡本體於一側脇邊預留8cm返口，其餘作法亦同。

④摺疊側身
⑤車縫。
1

※裡本體作法亦同。

**2. 套疊表本體＆裡本體**

裡本體（背面）
②車縫。
1
①表本體＆裡本體正面相對疊合。
表本體（背面）

**裁布圖**
※口布無原寸紙型，請依標示的尺寸（已含縫份）直接裁剪。
※▨處需於背面燙貼接著襯。

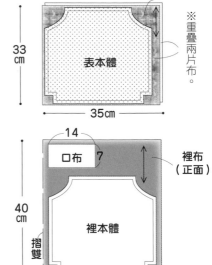

表布（正面）
33cm
表本體
35cm
※重疊兩片布。

14
口布 7
裡布（正面）
40cm
裡本體
摺雙
70cm

---

**完成尺寸**
寬15×高18cm×側身2cm

**原寸紙型**
無

**材料**
**表布**（粗花呢）35cm×33cm 1片
**裡布**（棉布）55cm×30cm／**接著襯**（中薄）35cm×25cm
**彈片口金** 14cm 1組／**圓繩** 粗0.8cm 140cm

P.41_ No.62
**小肩包**

口布（正面）
0.2
⑨車縫。
表本體（正面）
⑧縫合返口。
翻至正面，縫合返口。

**4. 完成！**

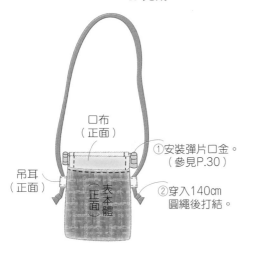

口布（正面）
①安裝彈片口金。（參見P.30）
吊耳（正面）
表本體（正面）
②穿入140cm圓繩後打結。

**3. 製作本體**

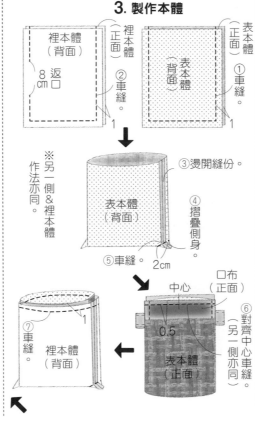

裡本體（背面）
8cm返口
②車縫。
1
裡本體（正面）
表本體（背面）
①車縫。
※另一側＆裡本體作法亦同。
③燙開縫份。
表本體（背面）
④摺疊側身 2cm
⑤車縫。
中心
⑥對齊中心車縫。（另一側亦同）
口布（正面）
0.5
⑦車縫。
裡本體（背面）
1
表本體（正面）

**裁布圖**
※標示的尺寸已含縫份。
※▨處需於背面燙貼接著襯。

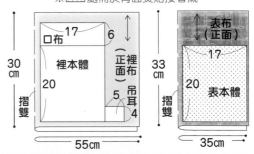

17
口布 6
30cm
口布
裡本體
20
正面裡布
吊耳 5
4
55cm
表布（正面）
17
33cm
20
表本體
摺雙
35cm

**1. 製作吊耳**

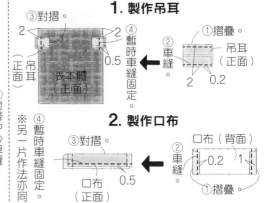

③對摺。
2
吊耳（正面）
④暫時車縫固定
②車縫。
0.5
表本體（正面）
①摺疊。
車縫。
吊耳（正面）
2 0.2

**2. 製作口布**

③對摺。
口布（背面）
④暫時車縫固定。
※另一片作法亦同。
②車縫。
口布（正面）
0.5
0.2 1
①摺疊。

| 完成尺寸 | 材料 |
|---|---|
| 寬17.5×高12.8×側身7cm | **表布**（平織布）25cm×40cm／**配布**（平織布）50cm×15cm<br>**裡布**（平織布）50cm×50cm／**接著襯**（薄）50cm×50cm |
| **原寸紙型** | **單膠鋪棉** 50cm×50cm／**5號繡線**（駝色） |
| **B面** | **鈕釦** 3.2cm 1顆／**木珠** 直徑1cm 1個 |
| | **箱型口金**（寬17.5cm×高13cm）1組 |

**P.51_ No. 69**
**口金針線盒**

※裡本體＆裡側身作法亦同。

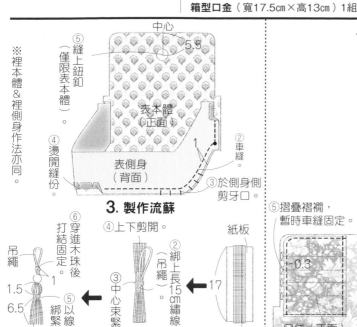

⑤縫上鈕釦（僅限表本體）。
中心
5.5
表本體（正面）
④燙開縫份。
表側身（背面）
②車縫
1
③於側身側剪牙口。

**3. 製作流蘇**

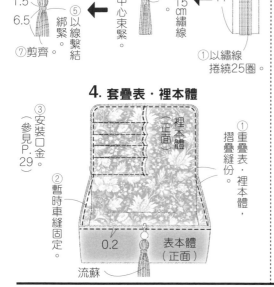

⑥穿進木珠後打結固定。
吊繩
1.5
1
6.5
⑦剪齊。
④上下剪開。
③中心束緊。
⑤以線繫結綁緊。
②綁上長15CM繡線（吊繩）。
17
紙板
①以繡線捲繞25圈。

**1. 接縫口袋**

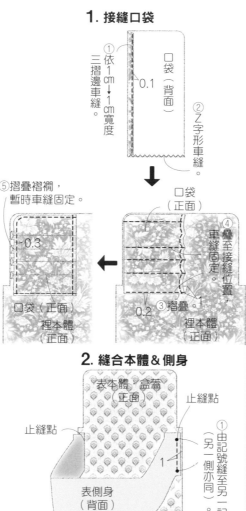

①依1cm→1cm→1cm寬度三摺邊車縫。
口袋（背面）
0.1
②Z字形車縫。
⑤摺疊褶襇，暫時車縫固定。
0.3
口袋（正面）
④疊至接縫位置，車縫固定。
口袋（正面）
1
裡本體（正面）
③摺疊
0.2
口袋（正面）
裡本體（正面）

**裁布圖**

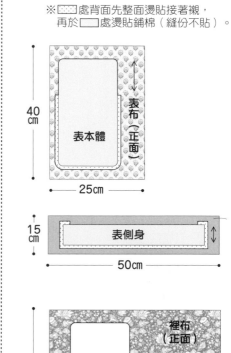

※[ ]處背面先整面燙貼接著襯，再於[ ]處燙貼鋪棉（縫份不貼）。

40cm
表本體（正面）
表布（正面）
25cm

15cm
表側身
配布（正面）
50cm

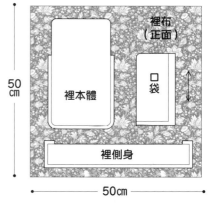

50cm
裡本體
口袋
裡布（正面）
裡側身
50cm

**4. 套疊表・裡本體**

③安裝口金。（參見P.29）
裡本體（正面）
①重疊表・裡本體，摺疊縫份。
②暫時車縫固定。
0.2
表本體（正面）
流蘇

**2. 縫合本體＆側身**

表本體・盒蓋（正面）
止縫點
止縫點
1
表側身（背面）
①由記號縫至另一記號（另一側亦同）。

---

| 完成尺寸 | 材料 |
|---|---|
| 直徑約7cm | **表布**（平織布）25cm×15cm／**羊毛** 適量 |
| **原寸紙型** | **手縫線** 適量／**瑪德蓮烤模** 直徑7cm 1個 |
| **無** | **木珠** 直徑1cm 1顆 |

**P.51_ No. 70**
**針插**

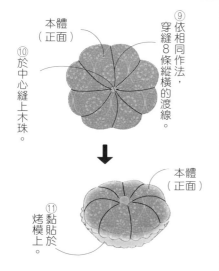

本體（正面）
⑨依相同作法，穿縫8條縱橫的渡線。
⑩於中心縫上木珠。
⑪黏貼於烤模上。
本體（正面）

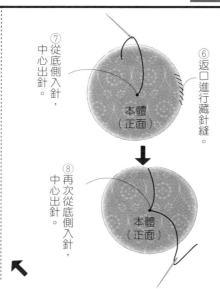

⑦從底側出針，中心出針。
⑥返口進行藏針縫。
本體（正面）
⑧再次從底側入針，中心出針。
本體（正面）

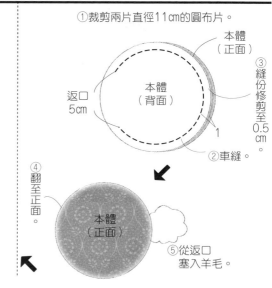

①裁剪兩片直徑11cm的圓布片。
本體（正面）
③縫份修剪至0.5cm
返口5cm
本體（背面）
1
②車縫。
④翻至正面。
本體（正面）
⑤從返口塞入羊毛。

**完成尺寸**
寬27×高32×側身10cm

**原寸紙型**
無

**材料**
表布（橫條紋織布）75cm×90cm
配布A（10號石蠟帆布）100cm×45cm
配布B（11號帆布）110cm×40cm
裡布（厚織棉布79號）100cm×45cm
拉鍊 40cm 1條
D型環 40mm 2個／日型環 40mm 2個

---

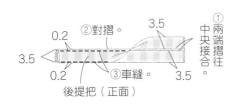

①兩端摺往
中央摺疊接合。
0.2
3.5
②對摺。
3.5
0.2
3.5
③車縫。
3.5
後提把（正面）

---

### 4. 製作內・外口袋

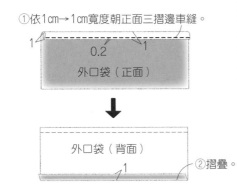

①依1cm→1cm寬度朝正面三摺邊車縫。
1　0.2　1
外口袋（正面）

外口袋（背面）
1
②摺疊。

※內口袋同樣車縫口袋口，
底邊摺疊0.5cm。

---

### 5. 製作表本體

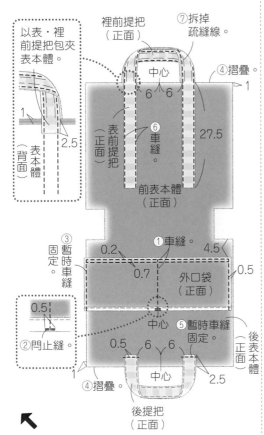

以表・裡前提把包夾表本體。
⑦拆掉疏縫線。
裡前提把（正面）
中心
④摺疊。
1
6　6
1
表前提把（背面）
2.5
表本體（正面）
27.5
表前提把（正面）
⑥車縫
前表本體（正面）
③固定。暫時車縫。
0.2
①車縫
4.5
0.7
外口袋（正面）
0.5
0.5
②閂止縫。
中心
⑤暫時車縫固定。
後表本體（正面）
0.5　6　6
中心
2.5
④摺疊。
1
後提把（正面）

---

裁布圖

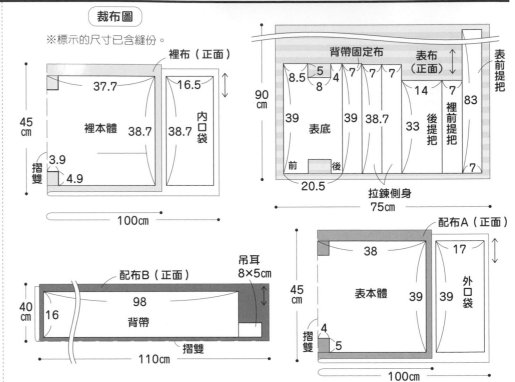

※標示的尺寸已含縫份。

裡布（正面）
37.7
16.5
45cm
裡本體 38.7　38.7
內口袋
3.9
4.9
摺雙
100cm

表布（正面）
90cm
背帶固定布
8.5　5　4　7　7　7
8
14　7
83
39　表底　39　38.7　33　後提把
裡前提把
前　後
20.5
拉鍊側身
7
75cm

配布B（正面）
吊耳 8×5cm
40cm
16　98
背帶
摺雙
110cm

配布A（正面）
38　17
45cm
表本體　39　39　外口袋
4
摺雙
5
100cm

---

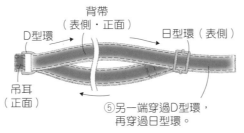

背帶（表側・正面）
D型環
日型環（表側）
吊耳（正面）
⑤另一端穿過D型環，再穿過日型環。

※依步驟①至⑤製作另一組。

### 3. 製作提把

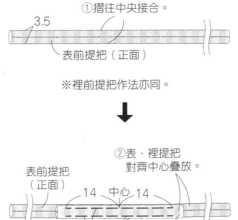

①摺往中央接合。
3.5
表前提把（正面）

※裡前提把作法亦同。

②表・裡提把對齊中心疊放。
表前提把（正面）
14　中心　14
0.5
裡前提把（正面）
③以疏縫線（或強力夾）暫時固定。

---

### 1. 製作吊耳

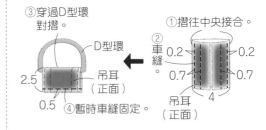

③穿過D型環對摺。
①摺往中央接合。
②車縫。
D型環
0.2　0.2
2.5
吊耳（正面）
0.7　0.7
0.5
4
④暫時車縫固定。
吊耳（正面）

※另一個作法亦同。

### 2. 製作背帶

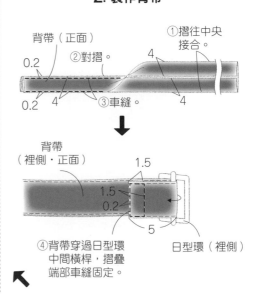

①摺往中央接合。
背帶（正面）
0.2
②對摺。
4
0.2　4
③車縫。
4

背帶（裡側・正面）
1.5
1.5
0.2
5
④背帶穿過日型環中間橫桿，摺疊端部車縫固定。
日型環（裡側）

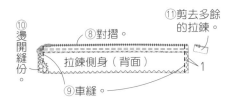

⑩燙開縫份。
⑧對摺。
⑪剪去多餘的拉鍊。
拉鍊側身（背面）
⑨車縫。
1

## 8. 完成！

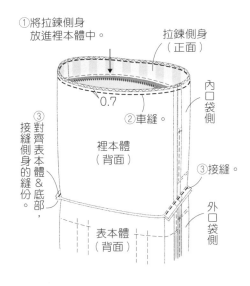

①將拉鍊側身放進裡本體中。
拉鍊側身（正面）
0.7
②車縫。
內口袋側
③對齊表本體的縫份&底部，接縫側身的縫份。
裡本體（背面）
③接縫。
外口袋側
表本體（背面）

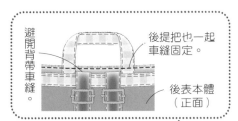

避開背帶車縫。
後提把也一起車縫固定。
後表本體（正面）

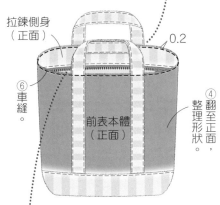

拉鍊側身（正面）
0.2
⑥車縫。
前表本體（正面）
④翻至正面，整理形狀。

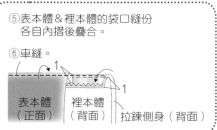

⑤表本體&裡本體的袋口縫份各自內摺後疊合。
⑥車縫。
1
表本體（正面）
裡本體（背面）
拉鍊側身（背面）
1

## 6. 製作裡本體

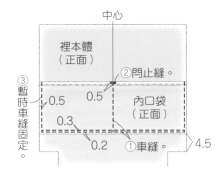

中心
裡本體（正面）
②門止縫。
③暫時車縫固定。
0.5　0.5
內口袋（正面）
0.3
0.2
①車縫。
4.5

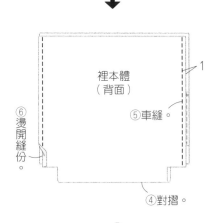

裡本體（背面）
⑥燙開縫份。
⑤車縫。
1
④對摺。

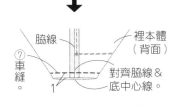

脇線
裡本體（背面）
⑦車縫。
對齊脇線&底中心線。
1
※另一邊的側身作法亦同。

## 7. 製作拉鍊側身

②拉鍊&拉鍊側身正面相對重疊。
④車縫。
拉鍊側身（正面）
背面
拉鍊
①周圍Z字形車縫。

③摺疊拉鍊端。
0.2　0.7
疊放拉鍊時，使上止距離拉鍊側身布邊1.5cm。

⑥另一側也以相同作法接縫拉鍊。
⑦車縫3次。
拉鍊側身（正面）
1.2
0.2
⑤拉鍊翻至正面車縫。
拉鍊（正面）

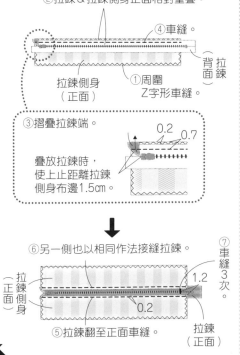

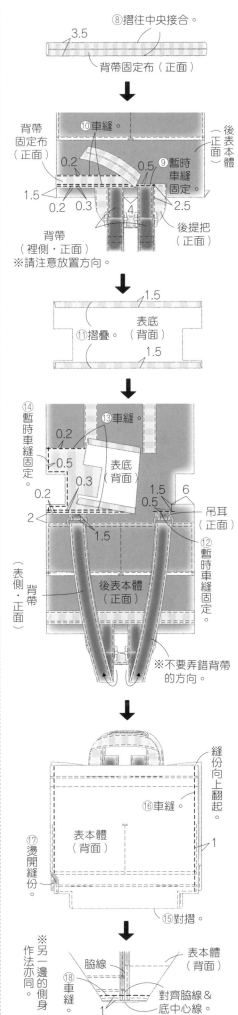

⑧摺往中央接合。
3.5
背帶固定布（正面）

背帶固定布（正面）
⑩車縫。
後表本體（正面）
0.2　0.5
⑨暫時車縫固定。
1.5　0.2　0.3　4　2.5
背帶（裡側・正面）
後提把（正面）
※請注意放置方向。

1.5
表底（背面）
⑪摺疊。
1.5

⑭暫時車縫固定。
0.2
⑬車縫。
0.5
0.2　0.3
表底背面
1.5　6
0.5
吊耳（正面）
2
1.5
後表本體（正面）
⑫暫時車縫固定。
表側・背帶正面
※不要弄錯背帶的方向。

縫份向上翻起。
⑯車縫。
表本體（背面）
⑰燙開縫份。
1
⑮對摺。

脇線
表本體（背面）
⑱車縫。
1
對齊脇線&底中心線。
※另一邊的側身作法亦同。

# 雙面兩用托特包

**完成尺寸**
寬40×高34.5cm

**原寸紙型**
A面

**材料**
表布A（平織布）80cm×80cm
表布B（平織布）50cm×120cm
裡布（平織布）110cm×65cm
接著襯（中薄）80cm×60cm
單膠鋪棉 80cm×70cm

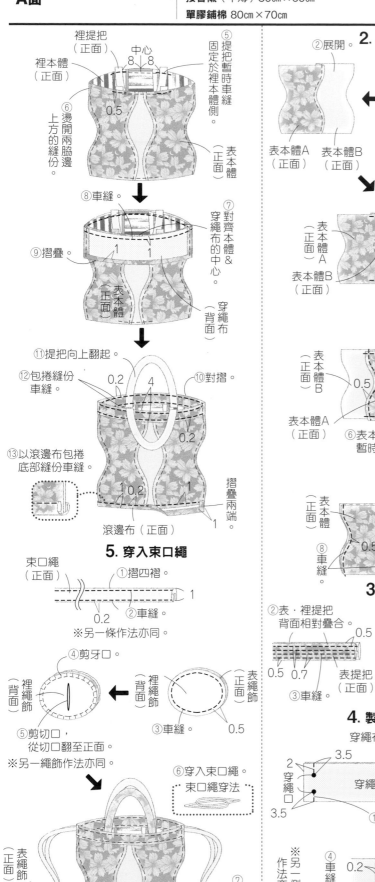

0.5
⑤提把固定於裡本體側。
裡提把（正面）
中心 8 / 8
裡本體（正面）
⑥燙開上方的兩脇邊縫份。
⑧車縫
⑦對齊本體&穿繩布的中心。
⑨摺疊
1 / 1
表本體（正面）
穿繩布（背面）
⑪提把向上翻起。
⑫包捲縫份車縫。
0.2 / 4
⑩對摺。
0.2
⑬以滾邊布包捲底部縫份車縫。
1 0.2 / 1 / 0.2 / 1
摺疊兩端
滾邊布（正面）

**5. 穿入束口繩**
束口繩（正面）
①摺四褶。
0.2 / 1
②車縫。
※另一條作法亦同。
④剪牙口。
裡繩飾（背面）
裡繩飾（正面）
表繩飾（正面）
③車縫。 0.5
⑤剪切口，從切口翻至正面。
※另一繩飾作法亦同。
⑥穿入束口繩
束口繩穿法
表繩飾（正面）
摺雙
⑧以繩飾包夾束口繩端車縫。
⑦摺疊
0.5

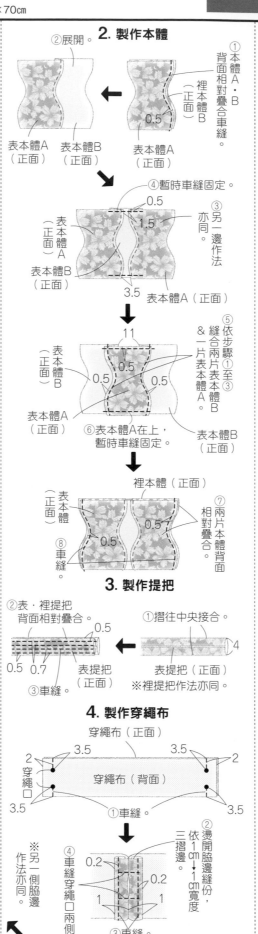

## 2. 製作本體
②展開。
①本體A・B背面相對疊合車縫。
裡本體B（正面）
0.5
表本體A（正面）
表本體B（正面）
表本體A（正面）
④暫時車縫固定。
0.5
1.5
表本體A（正面）
③另一邊作法亦同。
表本體B（正面）
3.5
表本體A（正面）
11
表本體B（正面）
0.5 / 0.5 / 0.5
⑤依步驟①至③縫合兩片表本體B&一片表本體A。
表本體A（正面）
⑥表本體A在上，暫時車縫固定。
表本體B（正面）
裡本體（正面）
表本體（正面）
0.5 / 0.5
⑦兩片本體背面相對疊合。
⑧車縫。

## 3. 製作提把
②表・裡提把背面相對疊合。
0.5
0.5 / 0.7
表提把（正面）
①摺往中央接合。
4
表提把（正面）
③車縫。
※裡提把作法亦同。

## 4. 製作穿繩布
穿繩布（正面）
2 / 3.5 / 3.5 / 2
穿繩口
3.5 / 3.5
①車縫。
④車縫穿繩口兩側。
②依三摺邊1cm→1cm寬度，燙開脇邊縫份。
0.2 / 0.2
1 / 1
③車縫。
※另一側脇邊作法亦同。

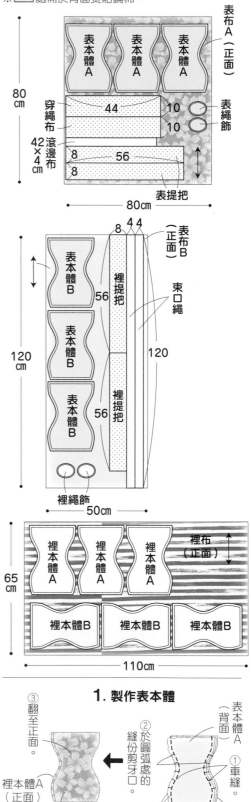

**裁布圖**
※除了表・裡本體A・B＆表・裡繩飾之外皆無原寸紙型，請依標示的尺寸（已含縫份）直接裁剪。
※▨ 處需於背面燙貼接著襯。
※▭ 處需於背面燙貼鋪棉。

80cm
表布A（正面）
表本體A / 表本體A / 表本體A
穿繩布
44 / 10
表繩飾
10
42×4cm 滾邊布
8 / 56
8
表提把

50cm
8 / 4 / 4
表布B（正面）
表本體B
56
裡提把
束口繩
表本體B
120 / 120
56
表本體B
裡繩飾

110cm
裡布（正面）
裡本體A / 裡本體A / 裡本體A
65cm
裡本體B / 裡本體B / 裡本體B

## 1. 製作表本體
③翻至正面。
表本體A（背面）
②於圓弧處的縫份剪牙口。
①車縫。
裡本體A（正面）
表本體A（正面）
裡本體A（背面）
※本體A・B各製作3組。

| 完成尺寸 | 材料 | |
|---|---|---|
| 寬19×高30cm<br>（不含提把） | 表布（平織布）55cm×60cm<br>裡布（平織布）65cm×40cm | P.49_ No. **68** |
| 原寸紙型 | 配布（棉布）5cm×25cm | 豆豆包 |
| **B面** | 單膠鋪棉 60cm×40cm／拉鍊 20cm 1條 | |

※另一側作法亦同。

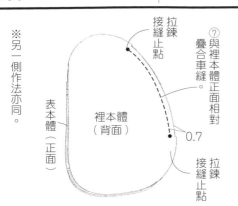

裡本體（背面）<br>表本體（正面）<br>拉鍊接縫止點<br>拉鍊接縫止點<br>⑦與裡本體正面相對疊合車縫。<br>0.7

### 3. 組裝本體

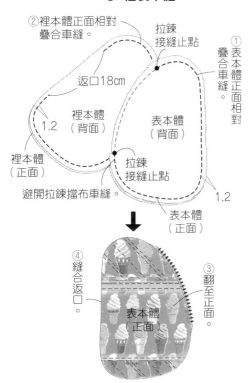

②裡本體正面相對疊合車縫。<br>拉鍊接縫止點<br>①表本體正面相對疊合車縫。<br>返口18cm<br>裡本體（背面）<br>表本體（背面）<br>1.2<br>裡本體（正面）<br>拉鍊接縫止點<br>避開拉鍊擋布車縫。<br>表本體（正面）<br>1.2<br>④縫合返口。<br>③翻至正面。<br>表本體（正面）

### 3. 接縫提把

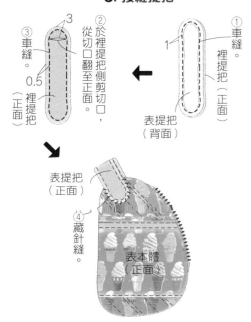

③車縫。 0.5<br>②於裡提把側剪切口，從切口翻至正面。<br>①車縫。<br>裡提把（正面）<br>表提把（背面）<br>裡提把（正面）<br>表提把（正面）<br>④藏針縫。

### ［中欄］

裡口袋（正面）<br>⑤車縫。 1<br>④摺疊至正面，摺疊裡口袋。<br>⑦縫份倒向裡口袋側。<br>表口袋（正面）<br>1<br>⑥摺疊下方的縫份。

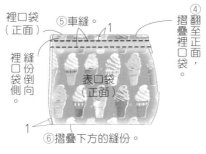

### 2. 口袋&拉鍊接縫於表本體

※另一片作法亦同。

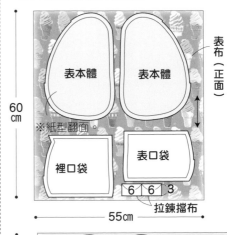

①進行壓線車縫。<br>3  0.5<br>表本體（正面）

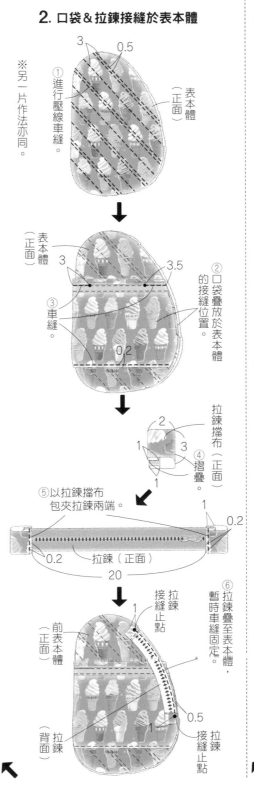

表本體（正面）<br>3  3.5<br>③車縫<br>②口袋疊放於表本體的接縫位置<br>0.2

②口袋疊放於表本體的接縫位置

拉鍊擋布（正面）<br>2<br>1  3<br>④摺疊<br>1

⑤以拉鍊擋布包夾拉鍊兩端。<br>0.2<br>0.2 拉鍊（正面）<br>20<br>1

⑥拉鍊疊至表本體，暫時車縫固定。<br>拉鍊接縫止點<br>前表本體（正面）<br>1<br>背面<br>拉鍊接縫止點<br>0.5 拉鍊

### ［右欄］

**裁布圖**

※拉鍊擋布無原寸紙型，請依標示的尺寸（已含縫份）直接裁剪。<br>※□處需於背面燙貼鋪棉。

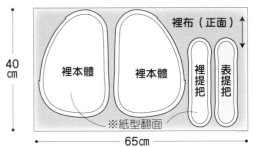

表本體<br>表本體<br>表布（正面）<br>※紙型翻面。<br>裡口袋<br>表口袋<br>6  6  3<br>拉鍊擋布<br>60cm<br>55cm

裡布（正面）<br>裡本體<br>裡本體<br>裡提把<br>表提把<br>※紙型翻面。<br>40cm<br>65cm

配布（正面）  口袋口布<br>5cm<br>25cm<br>利用布料布邊。

### 1. 製作口袋

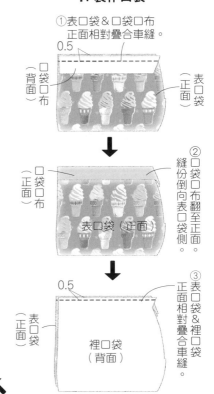

①表口袋&口袋口布正面相對疊合車縫。<br>0.5<br>口袋口布（背面）<br>表口袋（正面）<br>②口袋口布翻至正面，縫份倒向表口袋側。<br>口袋口布（正面）<br>表口袋（正面）<br>0.5<br>表口袋（正面）<br>③表口袋&裡口袋正面相對疊合車縫。<br>裡口袋（背面）

**完成尺寸**

寬20×高9×側身3cm

**原寸紙型**

**B面**

**材料**

表布A（平織布）80cm×60cm

表布B（平織布）60cm×25cm

表布C（平織布）40cm×30cm／**配布**（棉布）25cm×5cm

接著襯（中薄）60cm×40cm

單膠鋪棉 30cm×30cm

拉鍊 15cm・22cm各1條／**皮繩** 寬0.3cm 15cm

磁釦（手縫式）1cm 1組

**拉鍊長夾**

---

⑧以拉鍊擋布包夾拉鍊端。

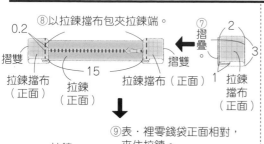

0.2
摺雙
拉鍊擋布（正面）
拉鍊（正面）
拉鍊擋布（正面）
⑦摺疊。
2
3
1
拉鍊擋布（正面）
摺雙
15

⑨表・裡零錢袋正面相對，夾住拉鍊。

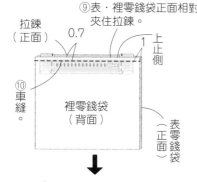

拉鍊（正面）
0.7
1
上止側
⑩車縫。
裡零錢袋（背面）
表零錢袋（正面）

⑪正面相對，摺疊底中心線。

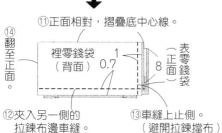

⑭翻至正面。
裡零錢袋（背面）
1
0.7
8
表零錢袋（正面）

⑫夾入另一側的拉鍊布邊車縫。

⑬車縫上止側。（避開拉鍊擋布）

**4. 製作側身**

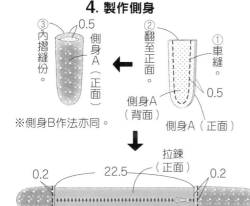

③內摺縫份。
0.5
②翻至正面。
側身A（正面）
①車縫。
側身A（背面）
側身A（正面）
0.5

※側身B作法亦同。

拉鍊（正面）
0.2
22.5
0.2
側身B（正面）
④拉鍊端插進側身內車縫。
側身A（正面）

**5. 組裝本體**

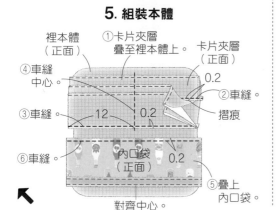

裡本體（正面）
①卡片夾層疊至裡本體上。
卡片夾層（正面）
④車縫中心。
0.2
②車縫。
③車縫。
12
0.2
摺痕
⑥車縫。
內口袋（正面）
0.2
⑤疊上內口袋。
對齊中心。

---

**2. 接縫袋蓋**

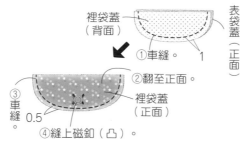

裡袋蓋（背面）
表袋蓋（正面）
①車縫。
1
③車縫。
0.5
②翻至正面。
裡袋蓋（正面）
④縫上磁釦（凸）。

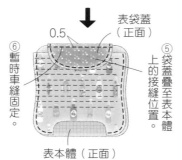

表袋蓋（正面）
0.5
⑥暫時車縫固定。
⑤袋蓋疊至表本體上的接縫位置。
表本體（正面）

**3. 製作卡片夾層・口袋・零錢袋**

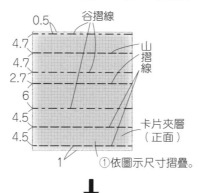

0.5
谷摺線
4.7
4.7
2.7
山摺線
6
4.5
卡片夾層（正面）
4.5
1
①依圖示尺寸摺疊。

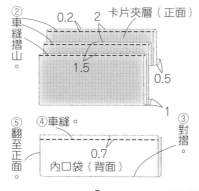

②車縫摺山。
0.2
2
卡片夾層（正面）
1.5
0.5
1

⑤翻至正面。
④車縫。
0.7
③對摺。
內口袋（背面）

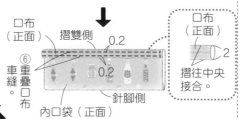

口布（正面）
摺雙側
0.2
⑥車縫重疊口布。
0.2
內口袋（正面）
針腳側

口布（正面）
2
摺往中央接合。

---

**裁布圖**

※卡片夾層、表・裡零錢袋、拉鍊擋布、內口袋、內口袋口布無原寸紙型，請依標示的尺寸（已含縫份）直接裁剪。

※▨ 處需於背面燙貼接著襯。

※▭ 處需於背面燙貼鋪棉。

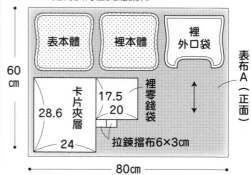

表本體
裡本體
裡外口袋
60cm
卡片夾層
28.6
17.5
20
裡零錢袋
拉鍊擋布6×3cm
24
表布A（正面）
80cm

25cm
表外口袋
內口袋
16.5
24
表布B（正面）
60cm

表袋蓋
裡袋蓋
表布C（正面）
30cm
表零錢袋
17.5
18
側身B
側身A
40cm

內口袋口布24×4cm
5cm
配布（正面）
25cm

**1. 製作外口袋**

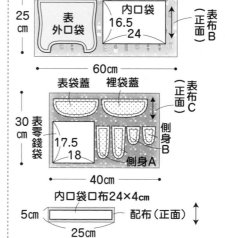

②縫上磁釦（凹）。
表外口袋（正面）
①車縫壓線。

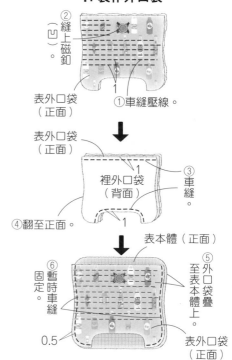

表外口袋（正面）
1
裡外口袋（背面）
③車縫。
④翻至正面。
1

表本體（正面）
⑥暫時車縫固定。
⑤至表本體外口袋疊上。
0.5
表外口袋（正面）

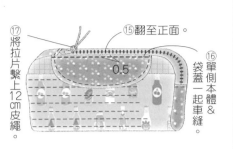

⑰將拉片繫上12cm皮繩。

⑮翻至正面。

0.5

⑯袋蓋一起車縫。單側本體＆

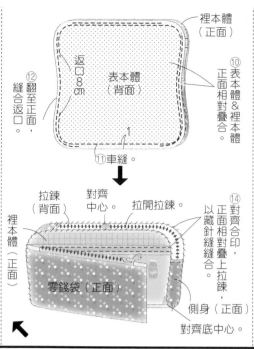

⑫翻至正面，縫合返口。

返口8cm

表本體（背面）

裡本體（正面）

⑩表本體＆裡本體正面相對疊合。

⑪車縫。

拉鍊（背面）

對齊中心

拉開拉鍊。

裡本體（正面）

⑭對齊合印，正面相對疊合上拉鍊，以藏針縫縫合。

零錢袋（正面）

側身（正面）

對齊底中心。

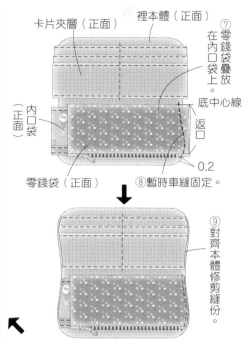

卡片夾層（正面）

裡本體（正面）

⑦在內口袋疊放零錢袋疊放上。

底中心線

內口袋（正面）

返口

零錢袋（正面）

0.2

⑧暫時車縫固定。

⑨對齊本體修剪縫份。

---

| 完成尺寸 | 材料 |
|---|---|
| 寬約25×高約15×側身4cm | **表布**（平織布）40cm×50cm |
| | **裡布**（平織布）40cm×50cm |
| **原寸紙型** | **配布A**（棉布）25cm×25cm／**配布B**（棉布）10cm×20cm |
| **A面** | **單膠鋪棉** 40cm×50cm |
| | **接著襯**（薄）10cm×20cm／**按釦** 2.5cm 2組 |

P.43_ No. 64
**南瓜手提包**

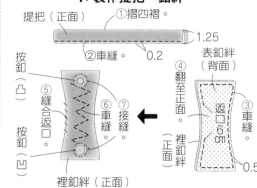

---

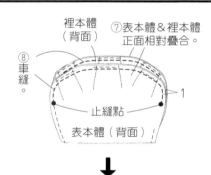

裡本體（背面）

⑦表本體＆裡本體正面相對疊合。

⑧車縫。

止縫點

表本體（背面）

1

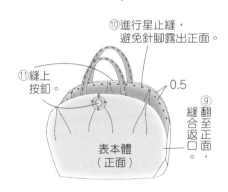

⑩進行星止縫，避免針腳露出正面。

⑪縫上按釦。

0.5

表本體（正面）

⑨翻至正面，縫合返口。

正面 釦絆

⑫將釦絆接縫於本體。

表本體（正面）

---

## 2. 製作表本體＆裡本體

※隨喜好於裡本體進行壓線。

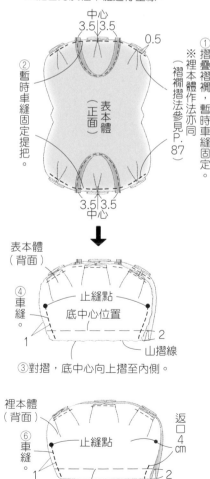

中心 3.5 3.5

0.5

①摺疊褶襉，暫時車縫固定。※裡本體作法亦同（褶襉摺法參見P.87）

②暫時車縫固定提把。

表本體（正面）

3.5 3.5 中心

表本體（背面）

④車縫。

止縫點

底中心位置

1

2

山摺線

③對摺，底中心向上摺至內側。

裡本體（背面）

返口4cm

⑥車縫。

止縫點

1

2

底中心位置

山摺線

⑤對摺，底中心向上摺至內側。

---

**裁布圖**

※提把無原寸紙型，請依指定的尺寸（已含縫份）直接裁剪。
※▨▨▨處需於背面燙貼接著襯。
※□處需於背面燙貼鋪棉（僅裡本體）。

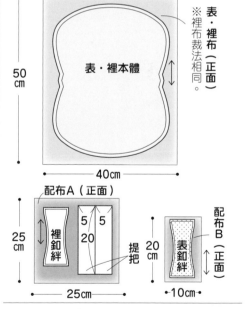

50cm

表・裡本體

※表・裡布裁法相同。

表・裡本體（正面）

40cm

配布A（正面）

25cm

25cm

裡釦絆

5 20 5

提把

20cm

配布B（正面）

表釦絆

10cm

## 1. 製作提把・釦絆

提把（正面）

①摺四褶。

1.25

②車縫。 0.2

按釦（凸）

按釦（凹）

⑤縫合返口。

⑥車縫。 ⑦接縫。

裡釦絆（正面）

表釦絆（背面）

④翻至正面。

③車縫。6cm

返口

裡釦絆（正面）

0.5

| 完成尺寸 | 材料 |
|---|---|
| 寬23×高10×側身15cm | 表布（平織布）80cm×35cm |
| **原寸紙型** | 裡布（平織布）110cm×40cm |
| B面 | 接著襯（中厚）90cm×70cm |
| | 雙開拉鍊 60cm 1條／扁鬆緊帶 寬1cm 10cm |

便當袋

裁布圖

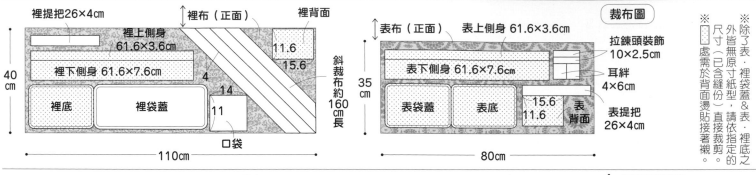

裡提把26×4cm　裡布（正面）　裡背面
裡上側身 61.6×3.6cm
11.6
15.6
裡下側身 61.6×7.6cm
4
14
裡底　裡袋蓋　11
口袋
40cm　110cm
斜裁布約160cm長

表布（正面）　表上側身 61.6×3.6cm
拉鍊頭裝飾 10×2.5cm
表下側身 61.6×7.6cm
耳絆 4×6cm
表袋蓋　表底　15.6　11.6　表背面
表提把 26×4cm
35cm　80cm

※除了表・裡袋蓋&表・裡底之外皆無原寸紙型，請依指定的尺寸（已含縫份）直接裁剪。
※□皆需於背面燙貼接著襯。

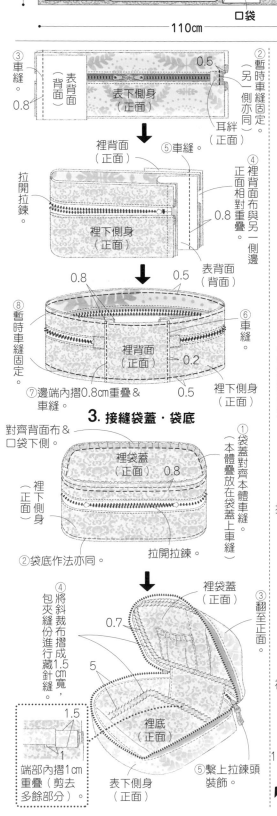

③車縫。 0.5
表背面（背面） 表下側身（正面）
②暫時車縫固定（另一側亦同）。
0.8
耳絆（正面）
⑤車縫。
裡背面（正面）
拉開拉鍊。
裡下側身（正面）
④正面相對重疊
裡背面布與另一側邊
0.8
表背面（背面）
0.5
⑧暫時車縫固定。
裡背面（正面）
0.2
⑥車縫。
裡下側身（正面）
0.8　0.5
⑦邊端內摺0.8cm重疊&車縫。

**3. 接縫袋蓋・袋底**
對齊背面布&口袋下側
裡袋蓋（正面） 0.8
裡下側身（正面）
①袋蓋對齊本體車縫，本體疊放在袋蓋上車縫。
②袋底作法亦同。
拉開拉鍊。

④包夾斜裁縫份進行藏針縫，摺成1.5cm寬。
5　0.7
裡袋蓋（正面）
裡底（正面）
③翻至正面。
1.5　1
端部內摺1cm重疊（剪去多餘部分）。
表下側身（正面）
⑤繫上拉鍊頭裝飾。

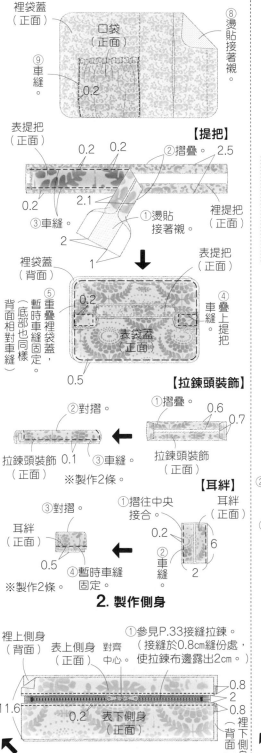

裡袋蓋（正面）
口袋（正面）
⑨車縫。 0.2
⑧燙貼接著襯。
表提把（正面）

**【提把】**
0.2　0.2　②摺疊。2.5
0.2　2.1
③車縫。2
①燙貼接著襯。
裡提把（正面）
1

裡袋蓋（背面）
表提把（正面）
⑤重疊裡袋蓋，暫時車縫固定。
0.2
④疊上提把車縫。
表袋蓋（正面）
（背面相對車縫）
0.5

**【拉鍊頭裝飾】**
①摺疊。0.6　0.7
②對摺。
③車縫。
拉鍊頭裝飾 0.1
拉鍊頭裝飾（正面）
※製作2條。

**【耳絆】**
①摺往中央接合。
耳絆（正面）
0.2　6
②車縫。2
③對摺。
耳絆（正面）
0.5
④暫時車縫固定。
※製作2條。

**2. 製作側身**
裡上側身（背面）　表上側身（正面）　對齊中心。
①參見P.33接縫拉鍊。（接縫於0.8cm縫份處，使拉鍊布邊露出2cm。）
0.8　2　0.8
11.6
0.2
表下側身（正面）　裡下側身（背面）

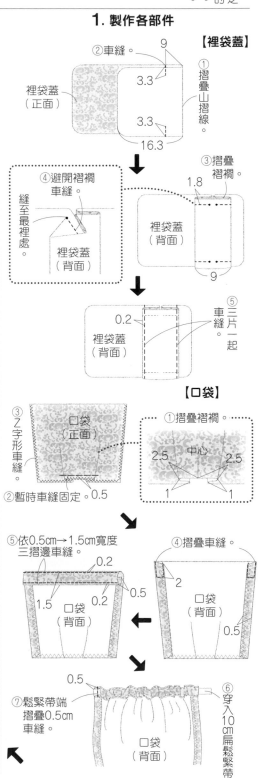

**1. 製作各部件**
**【裡袋蓋】**
②車縫。9
3.3　3.3
①摺疊山摺線。
裡袋蓋（正面）
16.3
③摺疊褶襉 1.8
裡袋蓋（背面）

④避開褶襉車縫。
縫至最裡處。
裡袋蓋（背面）
9

0.2
裡袋蓋（背面）
⑤三片一起車縫。

**【口袋】**
③Z字形車縫。
口袋（正面）
①摺疊褶襉。
2.5　中心　2.5
1　1
②暫時車縫固定。0.5

④摺疊車縫。
⑤依0.5cm→1.5cm寬度三摺邊車縫。
0.2　2
1.5　0.2　0.5
口袋（背面）
口袋（背面）
0.5

0.5
⑦鬆緊帶端摺疊0.5cm車縫。
⑥穿入10cm扁鬆緊帶。
口袋（背面）

## 完成尺寸
直徑6cm

## 原寸紙型
無

## 材料
**表布A**（平織布）10cm×10cm
**表布B**（平織布）10cm×10cm
**配布**（平織布）25cm×10cm／**棉襯**（厚）15cm×10cm
**羅紋緞帶** 寬1cm 10cm／**捲尺**（直徑6cm）1個

### 3. 接縫裝飾布

裝飾布（背面） ②對摺。
③車縫。 0.5
裝飾布（正面）
①摺疊 0.5 0.5
④翻至正面。

捲尺
⑤將捲尺拉片插進裝飾布內，以藏針縫縫合。

### 4. 完成！

②束緊中心黏貼固定。 0.5
長7.5cm 羅紋緞帶
長1.5cm羅紋緞帶
2 2
①重疊0.5cm黏貼固定
2.5
③縫上蝴蝶結
本體（正面）

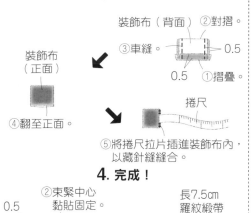

※本體b作法亦同。
④剪牙口。 0.5
③進行縮縫。
本體a（正面） 0.3

⑦摺入內側。

牙口
本體a（正面）
⑤拉緊縫線。
⑥以白膠貼上。

※本體b依相同作法接縫於另一側。

⑧以白膠貼上脇布，再接縫固定。
本體a（正面） 0.6
（正面）脇布
白膠 1
0.6

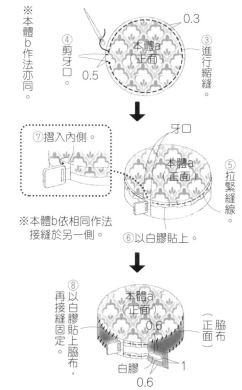

### 1. 裁布

本體（棉襯・2片） 直徑5cm
本體a（表布A・1片） 直徑7cm
本體b（表布B・1片）

2.5 脇布（配布・1片）←→
19

3.5 裝飾布（配布・1片）
2.5

※標示的尺寸已含縫份。

### 2. 製作本體

①避開按鈕，塗上白膠。
②貼上棉襯。
棉襯
捲尺

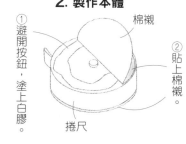

---

## 完成尺寸
寬9×高22cm（摺疊時）

## 原寸紙型
無

## 材料
**表布A**（平織布）20cm×30cm
**表布B**（平織布）15cm×40cm／**裡布**（棉布）25cm×40cm
**按釦** 0.7cm 2組／**接著襯**（厚）25cm×40cm
**扁鬆緊帶** 寬1.4cm 10cm／**圓繩** 粗0.3cm 50cm

### 2. 製作裡本體

※其餘邊角作法亦同。
裡本體（正面）
5.3
②摺出45°角，車縫固定。
③摺出45°角，車縫固定。
②三等分車縫。
①兩端內摺車縫。
0.5 0.2
扁鬆緊帶 10cm 14.5
裡本體（正面）
中心
④保留0.8cm，剪掉多餘的部分。
0.8

### 3. 完成！

③綁繩向上翻，再車縫一圈。
0.2
⑥摺出摺痕（另一側亦同）。
表本體（正面）
夾入綁繩（50cm）
裡本體（正面）
中心
(凸)2.5
(凹)
(凹)
中心
5.5
5.5
0.5
綁繩
⑤末端打結。
④縫上按釦。

①將裡本體放進表本體中。
1 1 0.2
②表本體依1cm→1cm寬度三摺邊，包捲裡本體端車縫。
表本體（正面）

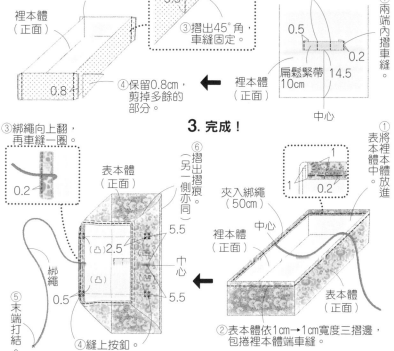

---

※▨▨處需於背面燙貼接著襯。

裁布圖

裡布（正面）
19.5
裡本體
32.5
40cm
25cm

表布B（正面）
10.6
表本體B
37
40cm
15cm

表布A（正面）
8.3
表本體A
23.6
30cm
摺雙
20cm

### 1. 製作表本體

表本體B（正面）
表本體A（正面）
0.8
※另一側作法亦同。
③對齊相同記號的各邊，進行車縫。
表本體A（背面）

表本體B（背面）
② 縫份倒向A側。
表本體A（正面）

表本體B（正面）
6.7 0.8
①車縫。
0.8
6.7 0.8
表本體A（背面）

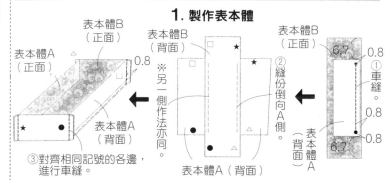

| 完成尺寸 | 材料 |
|---|---|
| 寬20×高10.5×側身4cm | 表布（防水布）35cm×25cm |
| **原寸紙型** | 拉鍊 20cm1條 |
| A面 | 濕紙巾蓋 1個 |

P.08_ No. **12**
# 濕紙巾盒套

濕紙巾蓋

⑤翻至正面。

③車縫。

對齊中心。

②依圖示摺疊。

①接縫拉鍊。（參見P.33）

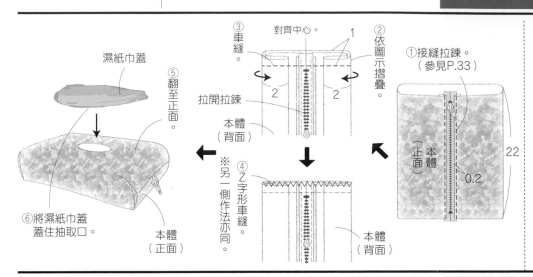

拉開拉鍊

本體（背面）

本體（正面）

⑥將濕紙巾蓋蓋住抽取口。

※另一側作法亦同。

④Z字形車縫。

本體（背面）

本體（正面）

0.2

22

**裁布圖**

對齊本體&紙型的中心，作出抽取口記號，將布剪空。

表布（正面）

本體

25cm

22

29.5

35cm

---

| 完成尺寸 | 材料 |
|---|---|
| 直徑7.5×高24.5cm | 表布（平織布）65cm×25cm |
| **原寸紙型** | 配布（平織布）75cm×45cm |
| B面 | 接著襯（厚）15cm×15cm |
| | 圓繩 粗0.3cm 70cm |

P.53_ No. **73**
# 水壺提袋

### 2. 車縫袋底

②與袋底正面相對疊合車縫。

①燙開縫份。

0.8

表本體（背面）

裡本體（背面）

底（正面）

裡本體（背面）

0.8　0.8

③摺疊&車縫裡本體側身。

### 3. 完成！

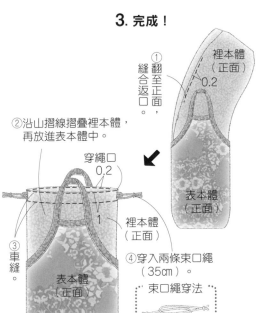

①翻至正面，縫合返口。

裡本體（正面）

0.2

②沿山摺線摺疊裡本體，再放進表本體中。

穿繩口

0.2

1

裡本體（正面）

表本體（正面）

③車縫。

表本體（正面）

④穿入兩條束口繩（35cm）。

束口繩穿法

### 1. 製作本體

②以配布製作滾邊用斜布條。（參見P.32）

②以斜布條滾邊車縫。（參見P.32）

③滾邊車縫&作出提把狀。

13

斜布條（正面）

0.2

貼邊（正面）

表本體（背面）

①重疊表本體與貼邊。

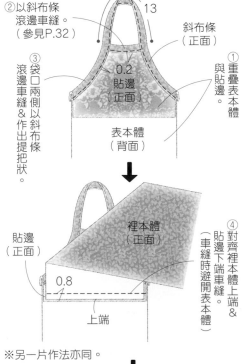

貼邊（正面）

裡本體（正面）

0.8

上端

④對齊裡本體上端&貼邊下端車縫（車縫時避開表本體）

※另一片作法亦同。

⑤兩片本體正面相對疊合車縫。

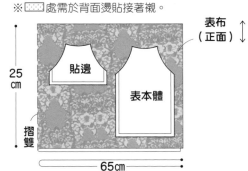

表本體（正面）

0.8

穿繩口1.5cm

返口13

表本體（背面）

10.5 上端 1.5

裡本體（背面）

0.8

裡本體（正面）

山摺線

**裁布圖**

※裡本體&斜裁布無原寸紙型，請依標示的尺寸（已含縫份）直接裁剪。
※□□處需於背面燙貼接著襯。

表布（正面）

25cm

貼邊

表本體

摺雙

65cm

上端

14.1

裡本體

40.6

3　3

摺雙

配布（背面）

底

斜裁布約80cm

4

4

3

45cm

75cm

| 完成尺寸 | 材料 |
|---|---|
| 高25.5cm | **表布**（棉布）50cm×20cm |
| **原寸紙型** | **提把用PVC軟管** 直徑1cm 40cm／**串珠**（白色）5mm 1個 |
| **B面** | **蕾絲** 寬3cm 15cm／**填充棉** 適宜 |
| | **25號繡線**（茶色・深水藍・淺水藍・紅色・淺粉紅） |

# Natasha娃娃主體

### 3. 製作身體

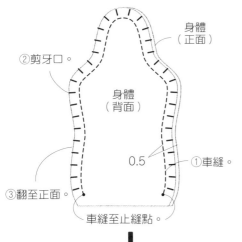

- 身體（正面）
- ②剪牙口。
- 身體（背面）
- 0.5
- ①車縫。
- ③翻至正面。
- 車縫至止縫點。

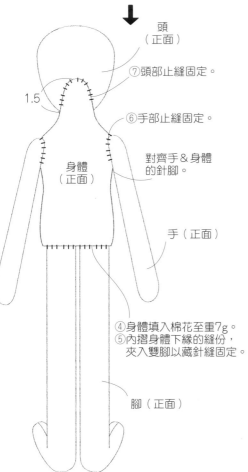

- 頭（正面）
- ⑦頭部止縫固定。
- 1.5
- ⑥手部止縫固定。
- 身體（正面）
- 對齊手＆身體的針腳。
- 手（正面）
- ④身體填入棉花至重7g。
- ⑤內摺身體下緣的縫份，夾入雙腳以藏針縫固定。
- 腳（正面）

### 4. 製作褲子

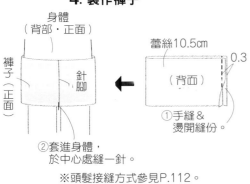

- 身體（背部・正面）
- 蕾絲10.5cm
- 0.3
- 褲子（正面）
- 針腳
- （背面）
- ①手縫＆燙開縫份布。
- ②套進身體，於中心處縫一針。
- ※頭髮接縫方式參見P.112。

---

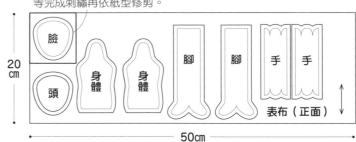

裁布圖

先粗裁臉部用布，等完成刺繡再依紙型修剪。

- 臉
- 頭
- 身體
- 身體
- 腳
- 腳
- 手
- 手
- 20cm
- 表布（正面）
- 50cm

### 2. 製作手・腳

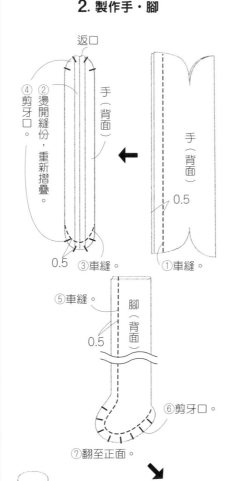

- 返口
- ④剪牙口。
- ②燙開縫份，重新摺疊。
- 手（背面）
- 手（背面）
- 0.5
- ③車縫。
- ①車縫。
- 0.5
- ⑤車縫。
- 腳（背面）
- 0.5
- ⑥剪牙口。
- ⑦翻至正面。

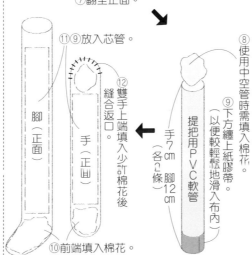

- ⑪⑨放入芯管。
- 腳（正面）
- ⑫雙手上端填入少許棉花後縫合返口。
- 手（正面）
- 手7cm（各2條）腳12cm
- 提把用PVC軟管
- ⑧使用中空管需填入棉花。
- ⑨下方纏上紙膠帶。（以便較輕鬆地滑入布內）
- ⑩前端填入棉花。
- ※雙手雙腳作法相同。

---

### 1. 製作頭部

①在臉上刺繡（皆取1股繡線）。

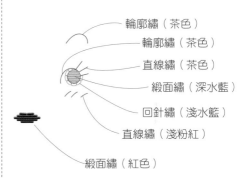

- 輪廓繡（茶色）
- 輪廓繡（茶色）
- 直線繡（茶色）
- 緞面繡（深水藍）
- 回針繡（淺水藍）
- 直線繡（淺粉紅）
- 緞面繡（紅色）

【刺繡針法】

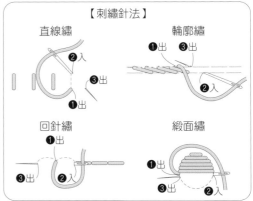

- 直線繡
- 輪廓繡
- 回針繡
- 緞面繡
- ❶出 ❷入 ❸出

②依紙型裁剪。

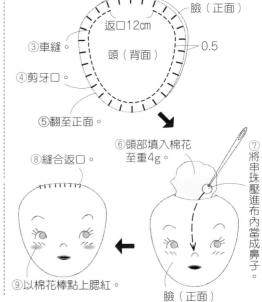

- 臉（正面）
- 返口12cm
- ③車縫。
- 0.5
- 頭（背面）
- ④剪牙口。
- ⑤翻至正面。
- ⑥頭部填入棉花至重4g。
- ⑦將串珠壓進布內當成鼻子。
- ⑧縫合返口。
- ⑨以棉花棒點上腮紅。
- 臉（正面）

**Natasha娃娃的頭髮・服裝 & 愛犬Nicole**

## 完成尺寸
連身洋裝：寬13cm
披肩：寬7cm
靴子：高6cm
長襪：長11cm
帽子：直徑8cm
包包：高約6.5×寬約6cm
小狗：高約6.5cm

### 原寸紙型
A面

## 材料
表布A（棉布）50cm×20cm
表布B（針織羅紋布）20cm×15cm
表布C（袖口用羅紋布）寬7cm 20cm
表布D（皮革）15cm×10cm
表布E（人造皮草）10cm×10cm
表布F（羔羊絨）15cm×15cm
表布G（刷毛布）5cm×5cm／毛線（極細）適量
表布H（不織布）5cm×5cm／表布I（皮革）15cm×5cm
鈕釦 0.5cm 2顆／按釦 0.7cm 2組／布標 1片
藤籃 直徑5cm 1個／皮革條 寬0.5cm 10cm
圓形大串珠 2顆／單圈 5mm 2個／吊飾 1個
鐵絲 粗04cm×20cm／25號繡線（茶色）／填充棉

---

**裁布圖**

※領子（表布A）／帽子（表布B）／腳・尾巴（表布F）無原寸紙型，請依標示的尺寸（已含縫份）直接裁剪。
※表布G・H・I的裁剪方式請參見部件作法說明。

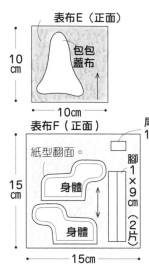

表布E（正面）
包包蓋布
10cm　10cm

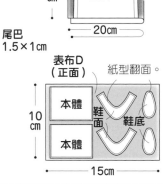

表布F（正面）
紙型翻面。
身體　身體
尾巴 1.5×1cm
腳 1×9cm（2片）
15cm　15cm

表布D（正面）
本體　本體
鞋面　鞋底
紙型翻面。
10cm　15cm

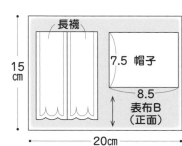

表布C（正面）
※上下利用布料邊。
披肩
摺雙
7cm　20cm

長襪
帽子 7.5
8.5
表布B（正面）
15cm　20cm

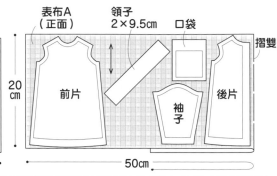

表布A（正面）
領子 2×9.5cm
口袋
摺雙
前片
後片
袖子
20cm　50cm

---

## 2. 製作連身洋裝

① ∿∿∿處進行Z字形車縫。

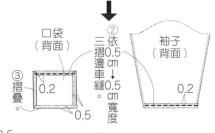

袖子（正面）
後片（正面）
前片（正面）
※另一片作法亦同。

口袋（背面）
③摺疊
0.2
0.5
② 三摺0.5cm邊車縫0.5cm寬度
袖子（背面）
0.2

0.5 領子（背面）
摺雙
④對摺車縫。

領子（正面）
⑤翻至正面。

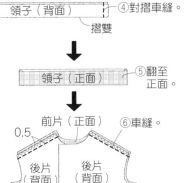

前片（正面）
0.5
後片（背面）　後片（背面）
⑥車縫。

## 1. 接縫頭髮

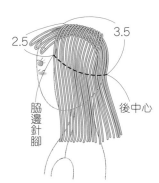

2.5　3.5
脇邊針腳
後中心
③整理頭髮。
依脇邊→後中心→脇邊的順序將橫向頭髮止縫固定。
（使用同色線）

④整理長度。

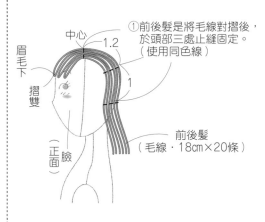

①前後髮是將毛線對摺後，於頭部三處止縫固定。（使用同色線）
中心　1.2
肩毛下
摺雙
正臉
正面
前後髮（毛線・18cm×20條）
1

②在頭部中央止縫固定橫向頭髮。（使用同色線）

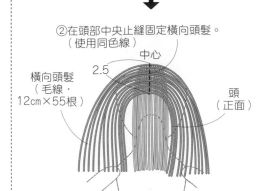

中心
2.5
橫向頭髮（毛線・12cm×55根）
頭（正面）

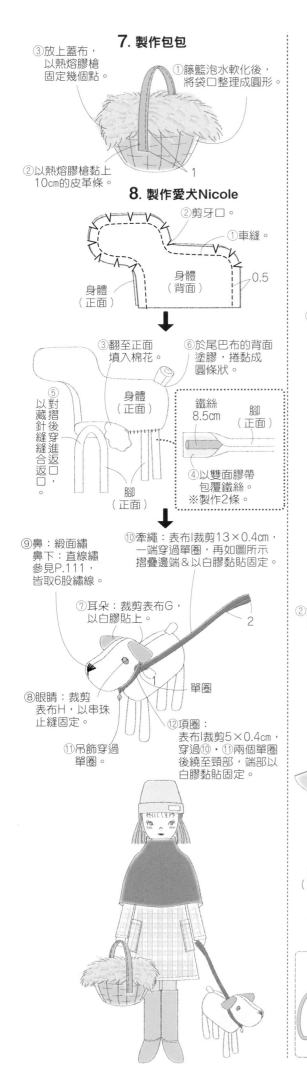

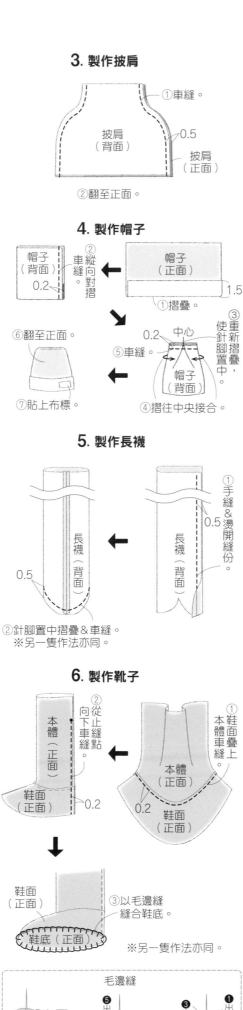

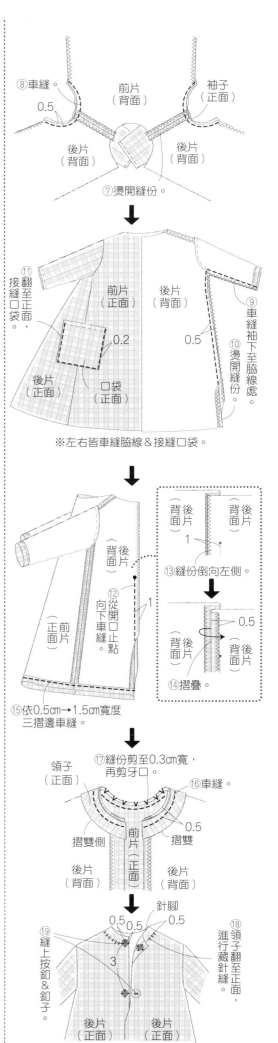

**7. 製作包包**

③放上蓋布，以熱熔膠槍固定幾個點。

①藤籃泡水軟化後，將袋口整理成圓形。

②以熱熔膠槍黏上10cm的皮革條。

1

**8. 製作愛犬Nicole**

②剪牙口。

①車縫。

身體（正面）

身體（背面）

0.5

③翻至正面填入棉花。

⑥於尾巴布的背面塗膠，捲黏成圓條狀。

身體（正面）

⑤以對摺後藏針縫縫縫進返口，縫合返口。

腳（正面）

鐵絲8.5cm

腳（正面）

④以雙面膠帶包覆鐵絲。
※製作2條。

⑨鼻：緞面繡
鼻下：直線繡
參見P.111，
皆取6股繡線。

⑩牽繩：表布I裁剪13×0.4cm，一端穿過單圈，再如圖所示摺疊邊端＆以白膠黏貼固定。

⑦耳朵：裁剪表布G，以白膠貼上。

2

1

單圈

⑧眼睛：裁剪表布H，以串珠止縫固定。

⑪吊飾穿過單圈。

⑫項圈：表布I裁剪5×0.4cm，穿過⑩・⑪兩個單圈後繞至頸部，端部以白膠黏貼固定。

**3. 製作披肩**

①車縫。

披肩（背面）

0.5

披肩（正面）

②翻至正面。

**4. 製作帽子**

帽子（背面）

②縱向對摺車縫。

0.2

帽子（正面）

①摺疊。

1.5

⑥翻至正面。

③重新摺疊，使針腳置中。

0.2

中心

⑤車縫。

帽子（背面）

⑦貼上布標。

④摺往中央接合。

**5. 製作長襪**

①手縫＆燙開縫份。

長襪（背面）

0.5

長襪（背面）

0.5

②針腳置中摺疊＆車縫。
※另一隻作法亦同。

**6. 製作靴子**

②向下車縫止縫點。

本體（正面）

①本體鞋面疊車縫上

本體（正面）

鞋面（正面）

0.2

0.2

鞋面（正面）

鞋面（正面）

③以毛邊縫縫合鞋底。

鞋底（正面）

※另一隻作法亦同。

毛邊縫

⑤出
❶出
❸
❹入
❷入

⑧車縫。

0.5

前片（背面）

袖子（正面）

後片（背面）

後片（背面）

⑦燙開縫份。

⑪接縫至正面，翻轉口袋。

前片（正面）

後片（背面）

0.2

0.5

⑨車縫袖下至脇線處。

口袋（正面）

⑩燙開縫份。

後片（正面）

口袋（正面）

※左右皆車縫脇線＆接縫口袋。

後片（背面）

後片（背面）

正前片（正面）

後片（背面）

⑫從開口車縫。

1

背面後片

背面後片

1

⑬縫份倒向左側。

0.5

背面後片

背面後片

⑭摺疊。

⑮依0.5cm→1.5cm寬度三摺邊車縫。

⑰縫份剪至0.3cm寬，再剪牙口。

領子（正面）

⑯車縫。

0.5

摺雙側

前片（正面）

摺雙

後片（背面）

後片（背面）

針腳
0.5 0.5 0.5

⑲縫上按釦＆釦子。

3

後片（正面）

後片（正面）

⑱領子翻至正面，進行藏針縫。

113

SEE YOU NEXT EDITION!

雅書堂　　搜尋

www.elegantbooks.com.tw

Cotton friend 手作誌
Autumn Edition 2019 vol.46

好用布作創意滿點！
## 秋日裡，私人好宅の日常手作

| | |
|---|---|
| 作者 | BOUTIQUE-SHA |
| 譯者 | 彭小玲・周欣芃・瞿中蓮 |
| 社長 | 詹慶和 |
| 總編輯 | 蔡麗玲 |
| 執行編輯 | 陳姿伶 |
| 編輯 | 蔡毓玲・劉蕙寧・黃璟安・陳昕儀 |
| 美術編輯 | 陳麗娜・周盈汝・韓欣恬 |
| 內頁排版 | 陳麗娜・造極彩色印刷 |
| 出版者 | 雅書堂文化事業有限公司 |
| 發行者 | 雅書堂文化事業有限公司 |
| 郵政劃撥帳號 | 18225950 |
| 郵政劃撥戶名 | 雅書堂文化事業有限公司 |
| 地址 | 新北市板橋區板新路 206 號 3 樓 |
| 網址 | www.elegantbooks.com.tw |
| 電子郵件 | elegant.books@msa.hinet.net |
| 電話 | (02)8952-4078 |
| 傳真 | (02)8952-4084 |

2019 年 9 月初版一刷　定價／ 350 元

COTTON FRIEND (2019 Autumn Edition)
Copyright © BOUTIQUE-SHA 2019 Printed in Japan
All rights reserved.
Original Japanese edition published in Japan by BOUTIQUE-SHA.
Chinese (in complex character) translation rights arranged with
BOUTIQUE-SHA
through KEIO CULTURAL ENTERPRISE CO., LTD.

經銷／易可數位行銷股份有限公司
地址／新北市新店區寶橋路 235 巷 6 弄 3 號 5 樓
電話／ (02)8911-0825
傳真／ (02)8911-0801

國家圖書館出版品預行編目 (CIP) 資料

好用布作創意滿點！秋日裡，私人好宅の日常手作 /
BOUTIQUE-SHA 授權；瞿中蓮，彭小玲，周欣芃譯 .
-- 初版 . -- 新北市：雅書堂文化，2019.09
　面；　公分 . -- (Cotton friend 手作誌；46)
ISBN 978-986-302-507-8( 平裝 )

1. 拼布藝術 2. 手工藝

426.7　　　　　　　　　　　　　108013815

## STAFF　日文原書製作團隊

| | |
|---|---|
| 編輯長 | 根本さやか |
| 編輯 | 渡辺千帆里　川島順子 |
| 攝影 | 回里純子　中島繁樹　水谷文彦　腰塚良彦　島田佳奈 |
| 造型 | 西森 萌 |
| 妝髮 | タニ ジュンコ |
| 視覺＆排版 | みうらしゅう子　牧 陽子　松本真由美 |
| 繪圖 | 飯沼千晶　澤井清絵　爲季法子　並木 愛　三島惠子 |
| | 中村有理　星野喜久代 |
| 紙型製作 | 山科文子 |
| 校對 | 澤井清絵 |